新世纪应用型本科规划教材

重庆文理学院特色应用型教材建设资助

农产品分析实验

主　编　朱建勇　陈德碧
副主编　刁　英　邓　欢

东北林业大学出版社
Northeast Forestry University Press
·哈尔滨·

版权专有　侵权必究
举报电话：0451-82113295

图书在版编目（CIP）数据

农产品分析实验 / 朱建勇，陈德碧主编 . — 哈尔滨：东北林业大学出版社，2019.12
　ISBN 978-7-5674-2039-7

Ⅰ . ①农… Ⅱ . ①朱… ②陈… Ⅲ . ①农产品 – 实验 – 高等学校 – 教材 Ⅳ . ① S37-33

中国版本图书馆 CIP 数据核字 (2020) 第 013242 号

责任编辑：彭　宇
封面设计：优盛文化
出版发行：东北林业大学出版社
　　　　　（哈尔滨市香坊区哈平六道街 6 号　邮编：150040）
印　　装：定州启航印刷有限公司
规　　格：170 mm×240 mm　16 开
印　　张：12.5
字　　数：228 千字
版　　次：2019 年 12 月第 1 版
印　　次：2019 年 12 月第 1 次印刷
定　　价：49.00 元

如发现印装质量问题，请与出版社联系调换。（电话：0451-82113296　82191620）

前 言

农产品分析是高等院校生物技术专业、生物科学专业及农学相关专业开设的一门重要的必修课程。农产品分析实验是农产品分析理论课程的重要组成部分。农产品是人们生活中不可缺少的物质,与人们日常生活紧密相关,其质量安全直接影响人们的身体健康和生命安全,关系到农业产业的健康发展。随着经济社会的快速发展和人们生活水平的日益提高,人们更加关注农产品的外观品质、营养价值及安全性能,其研究技术也日新月异。目前,农产品分析实验指导参考书籍较少,为适应高等教育改革与发展要求,大力推进应用型高校课程建设与改革,强化实践教学,全面提高学生对农产品分析实验技术的操作能力、分析能力、科研能力和创新能力,培养适应新时代社会经济发展需求的应用型专业人才,我们结合多年的教学工作实际编写了本书。

本书分为两部分:第一部分是基础篇,共四章,主要阐述农产品分析实验基本要求及常用的实验技术;第二部分是实验篇,共四章,主要围绕农产品感官分析、理化指标分析、有毒有害物质分析及开放设计性实验四个方面设置实验项目。本书在内容范围和深度上做到与现行国家标准和行业标准一致、与先进的现代实验技术相结合、与人们日常生活紧密联系,并注意关注社会焦点问题;实验内容力求具有代表性、典型性、可操作性;既有经典实验,又有创新实验,充分彰显了本课程的实用性、应用性、现代性、时代性,对学生分析实验技术的掌握和今后从事农产品分析检验岗位工作都有很大的帮助。

本书由朱建勇统稿,第一至六章及附录由朱建勇编写,第七章实验7-1至实验7-5由陈德碧编写,第七章实验7-6至实验7-9由刁英编写,第八章由邓欢编写。编者在编写过程中,参考了大量专著、国家标准、行业标准、图书、论文等资料,在此向有关专家、老师、作者表示衷心的感谢。由于时间和编者水平有限,书中不足之处在所难免,敬请读者批评指正。

编者

2019 年 4 月

目 录

第一部分　基础篇

第一章　农产品分析实验基本要求　/　003

第二章　样品采集和处理技术　/　011

　　第一节　样品采集　/　011
　　第二节　样品的制备与预处理　/　014

第三章　光学分析技术　/　022

　　第一节　光学分析技术的理论基础　/　022
　　第二节　紫外－可见分光光度法　/　025

第四章　色谱技术　/　032

　　第一节　气相色谱法　/　032
　　第二节　高效液相色谱　/　042

第二部分　实验篇

第五章　农产品感官分析　/　053

第六章　农产品理化指标分析　/　072

　　第一节　农产品物理特性分析　/　072
　　第二节　农产品中水分和矿物质含量的测定　/　079
　　第三节　农产品中有机化合物的测定　/　090
　　第四节　农产品中酸的测定　/　131

第七章　农产品有毒有害物质分析　/　138

第八章　开放设计性实验　/　175

附　录

　　附录一　常用酸的浓度　/　187
　　附录二　常见农产品中的氮折算成蛋白质的折算系数　/　187
　　附录三　常见标准滴定液的配制与标定　/　188
　　附录四　常用的标准溶液的储存周期　/　192
　　附录五　标准缓冲液在不同温度下的 pH　/　192

参考文献　/　194

第一部分 基础篇

第一章　农产品分析实验基本要求

一、实验室用水

在农产品分析实验中，应依据实验需要，选择不同级别的水，才能保证实验结果的准确性。GB/T 6682—2008 国家标准对分析实验室用水做了如下规定。

分析实验室用水的外观应为无色透明的液体，其原水应为饮用水或适当纯度的水。分析实验室用水分为三个级别：一级水、二级水和三级水，其主要技术指标见表 1-1。

表1-1　实验室用水的级别及主要技术指标

水质指标	一级水	二级水	三级水
pH 范围（25℃）	—	—	5.0~7.5
$KMnO_4$ 褪色时间 /min	60	60	10
电导率（25℃）/（MS·m^{-1}）　≤	0.01	0.10	0.50
可氧化物质（以氧计）/（mg·L^{-1}）　≤	—	0.08	0.40
吸光度（254 nm, 1 cm）　≤	0.001	0.010	—
蒸发残渣（105 ± 2）℃/（mg·L^{-1}）　≤	—	1.00	2.00
可溶性硅（以 SiO_2 计）/（mg·L^{-1}）　≤	0.01	0.02	—

（1）一级水是用二级用水经过石英设备蒸馏或离子交换混合床处理，再经 0.2 μm 微孔滤膜过滤的方法制取。一级水主要用于如高效液相色谱分析用水的一些有严格要求的分析实验。

（2）二级水是采用多次蒸馏或离子交换等方法制取，常用于如原子吸收光谱分析的无机痕量分析实验。

（3）三级水是采用蒸馏或离子交换等方法制取，常用于一般化学分析实验。

二、化学试剂

化学试剂种类很多，其分类和分级标准不尽一致。按照用途不同，化学试剂分为一般试剂、基准试剂、高纯试剂、色谱试剂、生化试剂、光谱纯试剂、指示剂等。农产品理化检验所需的试剂和标准品以优级纯（G.R）或分析纯（A.R）为主，必须保证纯度和质量。我国国家标准根据试剂的纯度和杂质含量，将试剂分为五个等级，并规定了试剂包装的标签颜色及应用范围，见表1-2。

表1-2　化学试剂的级别及应用范围

级别	名称	英文代号	标志颜色	应用范围
一级品	优级纯	G.R	绿色	精密分析研究工作
二级品	分析纯	A.R	红色	分析实验
三级品	化学纯	C.P	蓝色	一般化学实验
四级品	实验试剂	LR	黄色	工业或化学制备
生化试剂	生物染色剂	BR	咖啡色或玫瑰红色	生化实验

三、溶液及其配制

按照浓度的准确程度，溶液分为非标准溶液和标准溶液两类。非标准溶液浓度较粗略，标准溶液浓度较准确，一般有4位有效数字。

1.非标准溶液

（1）直接水溶法。对一些易溶于水而不易水解的固体试剂，如KNO_3、KCl、$NaCl$等，先算出所需固体试剂的量，用台秤或分析天平称出所需量，放入烧杯中，以少量蒸馏水搅拌使其溶解后，再稀释至所需的体积。若试剂溶解时有放热现象，或以加热促使其溶解的，应待其冷却后，再移至试剂瓶或容量瓶，贴上标签备用。

（2）介质水溶法。对易水解的固体试剂如$FeCl_3$、$SbCl_3$、$BiCl_3$等，配制其溶液时，称取定量的固体，加入适量的酸（或碱）使之溶解；再以蒸馏水稀释至所需体积，摇匀后转入试剂瓶。在水中溶解度较小的固体试剂如固体I_2，可选用KI水溶液溶解，摇匀转入试剂瓶。

（3）稀释法。对液态试剂，如盐酸、硫酸等，配制其稀溶液时，用量筒量取所需浓溶液的量，再用适量的蒸馏水稀释。配制硫酸溶液时，需特别注意，应在不断搅拌下将浓硫酸缓缓倒入盛水的容器中，切不可颠倒操作顺序。

易发生氧化还原反应的溶液（如 Sn^{2+}、Fe^{2+} 溶液），为防止其在保存期间失效，应分别在溶液中放入一些 Sn 粒和 Fe 粉。

见光容易分解的溶液要注意避光保存，如 $AgNO_3$、$KMnO_4$、KI 等溶液应贮存于棕色容器中。

2. 标准物质

目前，我国的化学试剂中只有滴定分析基准试剂和 pH 基准试剂属于标准物质，滴定分析中常用的工作基准试剂见表1-3。基准试剂可用于直接配制标准溶液或用于标定溶液浓度。标准物质的种类有很多，实验中还会使用一些非试剂类的标准物质，如纯金属、药物、合金等。

表1-3　滴定分析中常用的工作基准试剂

试剂名称	主要用途	用前干燥方法
氯化钠	标定 $AgNO_3$ 溶液	500~550 ℃灼烧至恒重
草酸钠	标定 $KMnO_4$ 溶液	（105±5）℃干燥至恒重
无水碳酸钠	标定 HCl、H_2SO_4 溶液	270~300 ℃干燥至恒重
乙二胺四乙酸二钠	标定金属离子溶液	硝酸镁饱和溶液恒湿器中放置 7 d
邻苯二甲酸氢钾	标定 NaOH 溶液	105~110 ℃干燥至恒重
重铬酸钾	标定 $Na_2S_2O_3$ 溶液	（120±2）℃干燥至恒重
碳酸钙	标定 EDTA 溶液	（110±2）℃干燥至恒重
氧化锌	标定 EDTA 溶液	800 ℃灼烧至恒重
硝酸银	标定卤化物溶液	H_2SO_4 干燥器中干燥至恒重
三氧化二砷	标定 I_2 溶液	H_2SO_4 干燥器中干燥至恒重

3. 标准溶液

标准溶液是已确定其主体物质浓度或其他特性量值的溶液。化学实验中常用的滴定分析用标准溶液、仪器分析用标准溶液配制方法如下。

（1）直接配制法。由一些纯度比较高的基准试剂或标准物质作为溶质，用分析天平或电子天平准确称取一定量的这些物质，溶于一定量的水中，再用容量瓶定容，用水稀释至刻度。根据称取的基准物质或标准物质的质量及容量瓶的体积，计算出它的准确浓度。

（2）标定法。有些试剂由于在制备过程中很难得到纯度较高的物质或其化学性质很不稳定，若直接用此类物质配制标准溶液，会造成很大的误差。因此常用间接的方法配制标准溶液，即标定法。先用试剂配制出近似所需浓度的溶液，再用基准试剂或已知浓度的标准溶液标定其准确浓度。

（3）稀释法。用移液管或滴定管准确量取一定体积的或是"较高浓度的"标准溶液，放入适当的容量瓶中，用溶剂稀释到刻度，得到所需浓度较低的标准溶液。

四、实验误差

在实验测定工作中，不管仪器精密度有多高，实验设计有多么完善，测量过程有多么仔细，测量结果总是不可避免地会产生误差。测量过程中，即使是同一种方法，对同一样品进行多次测量，也不可能得到完全一致的结果，会由于各种原因导致误差的产生。根据其性质的不同，实验误差可分为系统误差、偶然误差、过失误差三大类。

1. 系统误差

系统误差是指由某种固定原因所造成的误差，有重复、单向的特点。系统误差的大小、正负在理论上说是可以测定的，故又称为可测误差。

根据其性质和产生原因，系统误差可分为以下几类。

（1）方法误差。由实验方法本身的缺陷造成，如滴定中，反应进行不完全、干扰离子的影响、滴定终点与化学计量点的不相符等。

（2）仪器和试剂误差。由仪器、试剂等原因带来的误差，如仪器刻度不够精确、试剂纯度不高等。

（3）操作误差和主观误差。由操作者的主观原因造成的误差。如对终点颜色的深浅把握不好；平行滴定时，估读滴定管最后一位数字时，常想使第二份滴定结果与前份滴定结果相吻合，有种"先入为主"的主观因素存在等。

2. 偶然误差

偶然误差是指由某些难以控制的偶然原因（如测定时环境温度、湿度、气压等外界条件的微小变化、仪器性能的微小波动等）造成的误差，又称为随机误差。这种误差在实验中无法避免，时大、时小、时正、时负，故又称不可测误差。

偶然误差难以找到原因，似乎没有规律可言。但它遵守统计和概率理论，因此能用数理统计和概率论来处理。偶然误差从多次测量整体来看，具有下列特性：

（1）对称性。绝对值相等的正负误差出现的概率大致相等。

（2）单峰性。绝对值小的误差出现的概率大，而绝对值大的误差出现的概率小。

（3）有界性。一定测量条件下的有限次测量中，误差的绝对值在一定的范围内。

（4）抵偿性。在相同条件下对同一过程多次测量时，随着测量次数的增加，偶然误差的代数和趋于零。

因此，在实验中可以通过增加平行测定次数和采用求平均值的方法来减小偶然误差。

3. 过失误差

过失误差是一种与事实明显不符的误差，是因读错、记错或实验者的过失和实验错误所致。发生此类误差，所得实验数据应予以删除。

4. 误差的表示

误差可由绝对误差和相对误差两种形式表示，前者是指测定值与真实值之差，后者是指绝对误差与真实值的百分比。绝对误差和相对误差都有正、负值，正值表示测量结果偏高，负值表示测量结果偏低。

$$绝对误差=测定值-真实值$$

$$相对误差=\frac{绝对误差}{真实值}\times 100\%$$

真实值，严格来说，任何物质的测定值都存在误差，其真实值通常是不知道的。但是，我们设法采用各种可靠方法，经过不同实验室，不同人员的平行分析，用数理统计的方法得到的结果，我们称为真实值，一般分为以下几种。

（1）理论值。如一些理论设计值，理论公式表达式等。

（2）计量学约定值。如国际计量大会上确定的长度、质量、物质的量等。

（3）相对值。国家标准局给出的标准品、对照品等。精度高一个数量级的测量值作为低一级测量值的真实值，如实验中用到的一些标准试样中组分的含量等。

五、准确度与精密度

1. 准确度（accuracy）

准确度是指测定值与真实值之间的符合程度，通常用误差的大小来衡量。误差越小，分析结果的准确度越高。

2. 精密度（precision）

精密度是各次测定结果之间的接近程度，通常用偏差大小来衡量。在实际工作中，一般要进行多次测定，以求得分析结果的算术平均值。单次测定值 x 与平均值 $\bar{x}$ 之间的差值称为偏差 d 。

$$d=x-\bar{x}$$

偏差有绝对偏差、相对偏差、平均偏差、平均相对偏差、方差、标准偏差以及相对标准偏差（变异系数）等表示形式。

$$\text{算术平均数} \quad \bar{x} = \frac{x_1 + x_2 + x_3 + \cdots + x_n}{n}$$

$$\text{绝对偏差} \quad d_i = x_i - \bar{x}$$

$$\text{相对偏差} \quad \frac{d}{\bar{x}} = \frac{x - \bar{x}}{\bar{x}} \times 100\%$$

$$\text{平均偏差} \quad \bar{d} = \frac{|d_1| + |d_2| + |d_3| + \cdots + |d_n|}{n}$$

$$\text{相对平均偏差} \quad \frac{\bar{d}}{\bar{x}} \times 100\%$$

$$\text{方差} \quad \frac{\sum_{i=1}^{n}(x_i - \bar{x})^2}{n - 1}$$

$$\text{标准方差} \quad s = \sqrt{\frac{\sum_{i=1}^{n}(x_i - \bar{x})^2}{n - 1}}$$

$$\text{相对标准偏差（变异系数）} \quad CV = \frac{s}{\bar{x}} \times 100\%$$

六、有效数字

1. 有效数字的概念

有效数字是指在分析工作中实际能够测量到的数字，在这个数字中，除最后一位数是"可疑数字"，其余各位数字都是准确的。有效数字不仅表示量的大小，还表示测量结果的可靠程度，反映所用仪器和实验方法的准确度。如需称取"重铬酸钾8.4 g"，有效数字为两位，这不仅说明了重铬酸钾重8.4 g，而且表明用精度为0.1 g的台秤称量就可以了。若需称取"重铬酸钾8.400 0 g"，则表明必须在精度为0.000 1 g的分析天平上称量，有效数字是五位。所以，记录数据时不能随便写。任何超越或低于仪器准确限度的有效数字的数值都是不恰当的。

"0"在数字中的位置不同，其含义不同，有时算作有效数字，有时则不算。

（1）"0"在数字前，仅起定位作用，本身不算有效数字。如0.001 21，数字"1"前面三个"0"都不算有效数字，该数是三位有效数字。

（2）"0"在数字中间，算有效数字。如4.006中的两个"0"都是有效数字，该数是四位有效数字。

（3）"0"在数字后，也算有效数字。如0.035 0中，"5"后面的"0"是有效数字，该数是三位有效数字。

（4）以"0"结尾的正整数，有效数字位数不定。如2 500，其有效数字位数可能是两位、三位，甚至是四位。这种情况应根据实际改写成 2.5×10^3（两位），或 2.50×10^3（三位）等。

（5）pH，$\lg K$ 等对数的有效数字的位数取决于小数部分（尾数）数字的位数。如 pH=0.20，其有效数字位数为两位，这是因为由 $[H^+]=6.3 \times 10^{-11}$ mol·L^{-1} 得来。

2. 数值修约

数值修约是指在进行具体的数字运算前，通过省略原数值的最后若干位数字，调整保留的末位数字，使最后所得到的值最接近原数值的过程。在实验数据处理过程中，若本实验没有特殊规定时，修约时应按照国家标准文件《数值修约规则》进行。GB/T 8170—2008 数值修约规则中采用"四舍六入五"考虑规则：当测量值中拟舍弃的最左一位数字等于或小于4时，该数字舍弃；大于5或恰好是5且后面跟非零的数字时，进一位；恰好是5或5后面跟零时，若所保留的末位数字为奇数，则进一位，若所保留的末位数字为偶数，则舍弃。如下列测量值修约成三位有效数字时，其结果见表1–4。

表1-4　测量值修约为三位有效数字

测量值	修约成三位有效数字
5.624 9	5.62
5.626 71	5.63
5.635 0	5.64
5.635 1	5.64
5.625 0	5.62

3. 有效数字的运算规则

（1）加减法运算。几个数据相加或相减时，有效数字的保留应以这几个数据中小数点位最少的数字为依据。例如，0.023 1+12.56+1.002 5= ？

由于每个数据中的最后一位数有 ±1 的绝对误差，其中以 12.56 的绝对误差最大，在加和的结果中总的绝对误差值取决于该数，故有效数字位数应根据它来修约，即修约成 0.02+12.56+1.00=13.58。

（2）乘除法运算。几个数据相乘或相除时，有效数字的位数应以这几个数据中相对误差最大的为依据，即根据有效数字位数最少的数来进行修约。

例如：0.023 1 × 12.56 × 1.002 5= ?

先修约成 0.023 1 × 12.6 × 1.00=0.291

有时在运算过程中为了避免修约数字间的累计，给最终结果带来误差，也可以先运算，再修约或修约时多保留一位数进行运算，最后再修约掉。

在乘除运算中，常会遇到数字第一位是 8，9 以上的大数，如 9.00，8.97 等，其与 10.00 这类 4 位有效数字的数值相接近，所以通常将它们当作 4 位有效数字的数值处理。

第二章 样品采集和处理技术

样品采集和处理在整个分析过程中所占的位置十分重要。这不仅涉及工作效率的问题，同时也关系到分析结果的可靠性问题，样品处理是影响分析数据精确度和准确度的主要因素之一。

第一节 样品采集

一、样品的采集

样品采集通常简称采样，从大量分析对象中抽取一部分供分析检验用，所采取的分析材料称为样品或试样。采样是农产品分析的首项工作，是一种科学的研究方法。

（一）采样的重要性

在农产品分析中，不论是原料、半成品还是成品，即使同一种类产品，往往会因品种产地、成熟期、加工及贮存方法、条件的不同，其成分和含量都会出现相当大的变动。只有选取具有代表性的样品才能保证检测结果的准确性、分析结论的正确性。

所谓代表性，是指采取的样品必须能代表全部的分析检测对象，代表农产品整体。这是关系到检测结果和由此得出的结论是否正确的先决条件，否则，无论检测工作做得如何认真、精确都是毫无意义的，甚至会给出错误的结论。

（二）采样的一般程序

要从一大批被测对象中采取能代表整批被测物品质量的样品须遵从一定的采

样程序和原则，采样的程序如下。

待检产品 —采样→ 检样 —混合→ 原始样品 —处理、缩分→ 平均样品 → 检验样品 / 复检样品 / 保留样品

先在整批待检农产品的各个部位中确定采样点数，然后在各个确定的点上分别采取少量的样品，这个过程我们称为检样。把许多份检样的样品收集起来，混合在一起，就构成了该批农产品的原始样品。将原始样品按照一定的方法和程序抽取一部分作为最后的检测材料，这个检测材料称为平均样品。平均样品中包括检验样品、复检样品、保留样品。用于实验项目检验用的样品叫作检验样品。当检验结果有争议或分歧时，根据具体情况将平均样品的一部分进行复检，用于复检的样品称为复检样品。对某些特殊的样品，需封存保留一段时间，以备再次验证，这部分样品称为保留样品。

（三）采集的原则

1. 代表性原则

农产品因加工批次，原料情况（来源、各类、地区、季节等），加工方法，运输、贮存条件，销售中的各个环节及销售人员的责任心和卫生知识水平等都对农产品卫生质量有着重要影响。在采样时必须考虑这些因素，使所采的样本能真正反映被采样的总体水平，也就是通过对具有代表性样本的检测才能客观证明被分析产品的质量。

2. 典型性原则

采集能充分说明达到监测目的的典型样本，包括以下几方面。

（1）污染或怀疑被污染的样本。应采集接近污染源的农产品或易受污染的那一部分，以证明是否被污染。同时还应采集确实被污染或未被污染的同种产品样品做空白对照试验。

（2）掺假或怀疑掺假的农产品。应采集有问题的典型样本，以证明是否掺假，而不能用均匀样本代表。

（3）中毒或怀疑中毒的农产品。应根据中毒症状、可疑中毒物性质采集可能含毒量最多的样本。

3. 适时性原则

有些被分析物质总是受时间的变化而发生变化。为了保证得到正确的分析结

论，就必须很快送检（如农产品中毒事件的采样的及时性和送检的时间性），因而采样的时间很重要。

（四）采样的一般方法

1. 散粒状样品

（1）有完整包装食品。公式确定采样点数 $S = \sqrt{N/2}$ →双套回转取样管采样（根据堆码形状均匀取袋，每袋从上中下取样）（混合）→原始样品→"四分法"→平均样品。

$$S = \sqrt{N/2}$$

式中：N——检测对象的数目，件、袋、桶等；

S——采样点数。

（2）无包装的散堆样品。首先根据一个检验单位的物料面积大小先划分为面积不超过 50 cm² 若干个方块，每一方块确定为一个区。然后在每个区里面按上、中、下三层取 5 个点，5 个点确定在每层中心、四角处。按区按点，先上后下用取样器各取少量样品；将取得的检样混合均匀得到原始样品，按"四分法"对角取样、缩分得到所需数量的平均样品。

2. 液体、半流体食品

对桶（罐、缸）装样品，先按采样公式确定采取的桶数，再启开包装，用虹吸法分上、中、下三层各采取少部分检样，然后混合分取，缩减到所需数量的平均样品。

3. 不均匀的固体样品

（1）果蔬。对豆、枣、山楂、葡萄等体积小的果蔬，随机取多个整体，切碎混合均匀后，缩减至所需的量；对苹果、西红柿、西瓜、茄子等体积大的果蔬，取样时应考虑样品间和样品内部的差异。根据果实的成熟度及其大小比例选取若干个体，对每个个体单独取样，从每个个体生长轴纵向剖成 4 份或 8 份，取对角线 2 份，再混合缩分制平均样品。对菠菜、小白菜等体积膨松型的蔬菜，应由多个包装（捆、筐）分别抽取一定数量，混合后捣碎、混匀、分取，缩减到所需数量，最后制得平均样品。

（2）肉类、水产等农产品。此类农产品应按分析项目要求分别采取不同部位的样品或混合后采样。

(五)采样的注意事项

采集的样品要充分反映全部被检产品的组成、质量和卫生状况,确保其原有的组分未发生变化,因此采样容器一般选用硬质玻璃或聚乙烯制品,做到清洁、干燥、无异味,在检验之前应防止一切有害物质或干扰物质带入样品。采样时还应做好采样各种情况的记录,比如采样日期、单位、地址、样品批号、采样条件、包装情况、采样数量、现场卫生状况、运输、贮藏条件、外观、检验项目及采样人等。采集的数量一般应满足分析项目的需要或相关国家行业标准的要求。在农产品掺伪和中毒试验的采集上,一定要注意样品的典型性。采样后应迅速送检验室检验,尽量避免样品在检验前发生辐染、变质、成分逸散等。

二、样品的保存

对于不能及时分析的样品必须妥善保管,保证样品的外观和化学组成成分不发生变化。制备好的样品用洁净的容器密封,置于阴暗处保存;易腐败变质的样品应保存在 0~5 ℃的冰箱里,保存时间也不宜过长;对于高水分的样品可先测其水分,对余下的部分样品进行烘干,结果分析时可换算为鲜样品中某物质的含量;对某些成分见光分解、不够稳定、易挥发的样品,可根据分析的项目避光或加入稳定剂固定待测成分保存。存放的样品应逐一按类别、日期进行编号、登记及摆放,以便查找。总之,保存样品应坚持干燥、洁净、低温、避光、密封的原则,避免样品受潮、风干、变质。

第二节 样品的制备与预处理

一、样品的制备

为了保证所取的任何部分或部位的样品都能代表被检全部样品的平均组成,保证样品均匀,在实验室,往往会对采集的样品进行粉碎、混匀、分取等,这一过程我们称为样品的制备。样品制备的方法有很多,如切细、粉碎、研磨或捣碎、匀浆等,在实验过程中可根据分析项目的要求进行选择。

二、样品的预处理

样品的预处理是农产品理化分析中的一个重要环节,直接关系到分析测定工作的成败。农产品的成分比较复杂，既含有复杂的高分子物质（如蛋白质、碳水化合物、脂肪、纤维素及残留的农药等），又含有普通的无机元素成分，如钙、磷、钾、钠、铁、铜等。这些组分往往以复杂的结合态或络合态形式存在。对于复杂组成的样品，不经过预处理，任何一种现代化的分析仪器都将无法直接进行测定，并且当以某一种方法对其中某种组分进行测定时，其他组分的存在也会产生干扰，影响被测组分的正确检出。还有一些像农药残留物、黄曲霉毒素等被测组分含量很低，为准确地测出它们的含量，我们还必须对样品进行浓缩。因此为排除各种干扰因素，对样品进行不同程度的分离、分解、浓缩、提纯等，都称为样品预处理。

农产品理化分析是利用其中待测组分与化学试剂发生某些特殊的可以观察到的物理反应或化学反应变化来判断被测组分的存在与否或含量多少。在分析之前，应根据分析对象、分析项目选择合适的方法对样品进行预处理，样品预处理的方法主要有以下几种。

（一）有机物破坏法

有机物破坏法常用于农产品中无机元素的测定。农产品中的无机盐或金属离子常与蛋白质等有机类物质结合，成为难溶、难离解的化合物，欲测定这些无机成分的含量，需要在测定前破坏这些有机结合体，使其释放出被测的组分，这一步骤称为样品的消化。消化的方法通常采用在高温或高温加强氧化条件下，使试样中的有机物质彻底分解，其中碳、氢、氧元素生成二氧化碳和水呈气态逸散，而金属元素则生成简单的无机金属离子化合物留在溶液中。有机物破坏法按操作方法不同可分为干法灰化、湿法消化、微波消解三大类。

1. 干法灰化

干法灰化是一种用高温灼烧的方式破坏样品中有机物的方法，因而又称为灼烧法。将样品置于坩埚中，先在电炉上小火炭化，除去水分、黑烟后，再置于 500~600 ℃ 高温炉中灼烧灰化，烧至残灰为白色或浅灰色为止。取出残灰，冷却后用稀盐酸或稀硝酸溶解过滤，滤液定容后供分析测定用。干法灰化的优点是有机物破坏彻底，操作简便，在处理样品过程基本不加或加入很少的试剂，故空白值较低。但此法所需要时间较长，并且在高温处理时可造成易挥发元素的损失（如汞、砷、铅等）。此法适用于大多数金属元素（除汞、砷、铅外）的测定。

近年来开发了一种低温灰化技术，即将样品放在低温灰化炉中，先将空气抽至 0~133 Pa，然后不断通入氧气，0.3~0.8 L/min。用射频照射使氧气活化，在低于 150 ℃ 的温度下便可使样品完全灰化，从而可以克服高温灰化的缺点，但所需仪器价格较高，不易普及。

2. 湿法消化

湿法消化又称湿灰化法或湿氧化法，指在一定的样品中加入 HNO_3、H_2SO_4、$KMnO_4$、H_2O_2 等液态强氧化剂，并同时加热消煮，使样品中的有机物完全氧化分解，呈气态逸出，待测成分转化为无机物状态保留在消化液中，供测试所用。在实验室，为了让有机物分解彻底，常将几种强酸混合作为氧化剂，比如常见的硫酸-硝酸法、高氯酸-硫酸法、硫酸-高氯酸-硝酸法、硝酸-高氯酸法。湿法消化具有简便、快速、效果好，且加热温度比干法灰化低，减少了被测组分或元素的挥发损失，但各种氧化性酸在消煮时会产生大量酸雾，还会分解产生具有刺激性和腐蚀性氮和硫的氧化物气体，对人体有一定的毒害作用，所以实验操作时应在通风橱中进行。高氯酸和过氧化氢作强氧化剂，有潜在的危险性，应防止爆炸事故发生。使用高氯酸进行湿法消化炭化时，要先用硝酸处理样品，以除去易于氧化的有机物；勿与炭、纸、木屑、塑料等可燃物或易燃气体（如氢气、乙醚、乙醇等）接触，不然会发生爆炸事故。高氯酸与强烈的脱水剂，如五氧化二磷或浓硫酸等接触时，可能形成爆炸性的无水高氯酸，所以分析实验室一般不用体积分数高于85%的高氯酸。另外，由于该法用酸量较多，可能导致空白值高。

3. 微波消解

微波消解是一种利用微波为能量对样品进行消解的新技术，包括溶解、干燥、灰化、浸取等，该法适于处理大批量样品及萃取极性与热不稳定的化合物。微波消解技术具有操作简单，处理效率高，试剂消耗少，样品分解快速、完全，挥发性元素损失小，空白值低，污染小等显著特点，深受分析工作者的欢迎，被誉为"绿色化学反应技术"。美国公共卫生组织已将该法作为测定金属离子时消解植物样品的标准方法。

（二）蒸馏法

将液体加热至沸腾变为蒸气，然后使蒸气冷却再凝结为液体，这两个过程的联合操作称为蒸馏。蒸馏法是分离、纯化液态混合物的一种常用的方法，利用被测物质中各组分挥发性的差异或沸点不同将混合物分开。常用的普通蒸馏装置见图2-1。

常见的蒸馏方式有常压蒸馏、减压蒸馏、水蒸气蒸馏。

1. 常压蒸馏

当被蒸馏的物质受热后不发生分解或者其中各组分的沸点不太高时，可在常压下进行蒸馏。常压蒸馏可以把两种或两种以上沸点相差较大（一般30 ℃以上）

的液体分开。蒸馏烧瓶采用圆底烧瓶，一般热浴的温度不能比蒸馏物沸点高出30 ℃。如果被蒸馏物质的沸点不高于 90 ℃，可用水浴；如果沸点高于 90 ℃，可用油浴，但要注意防火；如果被蒸馏物质不易爆炸或燃烧，可用电炉或酒精灯等直接加热，最好垫以石棉网。

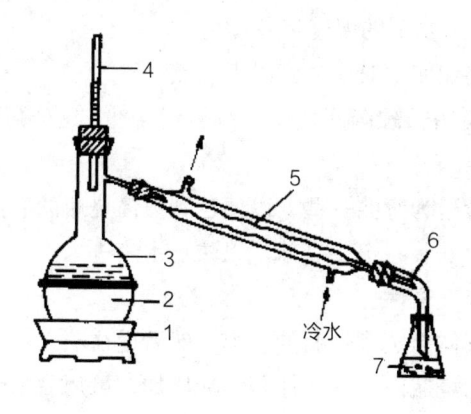

图 2-1　普通蒸馏装置

1—电炉；2—水浴锅；3—蒸馏瓶；4—温度计；5—冷凝管；6—接受管；7—接收瓶

2. 减压蒸馏

减压蒸馏是分离可提纯有机化合物的常用方法之一。减压装置可用水泵或真空泵，适用于被蒸馏物热稳定性不好（常压蒸馏时未达沸点即已受热分解、氧化或聚合），或沸点太高的有机物质。液体的沸点是指液体的饱和蒸气压等于外界压力时的温度因此液体的沸点是随外界压力的变化而变化的，如果借助于真空泵降低系统内压力，就可以降低液体的沸点。一般来说，高沸点化合物在压力降低到 2 666.44 Pa 时，其沸点比常压下的沸点低 100~200 ℃。

3. 水蒸气蒸馏

某些物质沸点较高，直接加热蒸馏时，可因受热不均引起局部炭化；还有些被测成分，当加热到沸点时可能发生分解，对于这些具有一定蒸气压的成分，常用水蒸气蒸馏法进行分离。水蒸气蒸馏是指不溶于水（难溶于水）的物质与水共存共热，当水蒸气压和该物质的蒸气压之和等于大气压时，该混合物就沸腾，水和该物质就一起蒸馏出来。混合物的沸点比纯物质低，有机物可在沸点低得多的温度下，安全地被蒸馏出来，再用分液漏斗分离。其原理是两种互不相溶的液体混合物的蒸气压，等于两液体单独存在时的蒸气压之和。当组成混合物的两液体的蒸气压之和等于大气压力时，混合物就开始沸腾。不相溶的液体混合物的沸点要比某一物质单独存在时的沸点低。因此，在不溶于水的有机物质中，通入水蒸气进行水蒸气蒸馏时，在比该物质的沸点低得多的温度就可使该物质蒸馏出来。水蒸气蒸馏广泛用于从大量的树脂状或不挥发性的杂质中分离某种组分；除去农产品中挥发性的有机杂质。对于在常压下蒸馏会发生分解的高沸点有机物，用水蒸气蒸馏可以在100 ℃以下的温度将其蒸出。

蒸馏装置在安装和使用时应注意以下几点：

（1）蒸馏烧瓶使用长颈圆底烧瓶，倾斜约45°，这样可防止因吹入水蒸气时使内容物发生飞溅；

（2）蒸气导入管稍为弯曲一些，以便达到蒸馏烧瓶的底部并与液面垂直。

（3）在导出管上安装一个冷凝球，以防止水滴进入。

（4）安装后检查气密性。

（5）加入蒸馏液体至蒸馏烧瓶的一半，然后通往蒸气。

（6）为防止蒸馏烧瓶内的液体体积逐渐增加，可用酒精灯对液量进行控制。

（7）结束时须先打开蒸气发生器排出口，然后熄火，防止液体倒吸。

（8）蒸馏瓶中装入液体的体积不超过蒸馏瓶的2/3，同时加碎瓷片防止爆沸。水蒸气蒸馏时，水蒸气发生瓶也应加入碎瓷片或毛细管。

（9）温度计插入高度适当，与通入冷凝器的支管在一个水平或略低一点为宜。

（10）蒸馏有机溶剂的液体时应使用水浴，并注意安全。

（11）冷凝器的冷凝水应由低向高逆流。

（三）溶剂提取法

同一溶剂中，不同物质具有不同的溶解度，同一物质在不同溶剂中的溶解度也不相同。利用样品中各组分在特定溶剂中溶解度的不同，将混合物组分完全或部分地分离的方法称溶剂提取法。常见的溶剂提取法有浸提法、溶剂萃取法、超临界流体萃取、超声波萃取法、微波萃取。

1. 浸提法

用恰当的溶剂将固体样品中的某种被测组分通过振荡、捣碎或一定的仪器提取出来的方法称浸提法，也叫液-固萃取。对提取剂的要求是能大量溶解被提取的物质，且又不破坏被提取物质的性质。选择的溶剂沸点应适当，太低易挥发，太高不易浓缩，达不到分离的效果。溶剂可以是单一溶剂也可以是混合溶剂，选择时应根据被测提取物的性质，遵从相似相溶原理，利用被提取成分的极性强弱选择提取剂。对极性较强的成分可用极性大的溶剂提取，对极性较弱的成分可用极性小的溶剂提取。常见的提取方式有振荡浸提法、组织捣碎法、索氏提取法。

振荡浸提法简便易行，但回收率低；组织捣碎法提取速度快，回收率高；索氏提取法溶剂用量少，提取率高，但操作麻烦费时，并且还要充分考虑待测组分的热稳定性。

2. 溶剂萃取法

利用被测组分在两种互不相溶溶剂中的分配系数的差异，使其从一种溶剂里转移到另一种溶剂里，从而达到分离的方法称溶剂萃取法，也称为液-液萃取。萃取剂应选择对被测组分应有最大的溶解度，对杂质溶解度最小，且与原溶剂互不相溶，萃取后分层快。本方法操作简单、快速，分离效果好，使用广泛，但萃取剂常常有毒。

萃取有直接萃取和反萃取。物质从水相进入有机相的过程称为萃取，物质从有机相进入水相的过程称为反萃取。对于组成成分简单、干扰成分少的样品，可通过分液漏斗直接萃取即可达到分离的目的。对于组成成分较复杂、干扰成分又不易除去的样品，单靠多次直接萃取很难有效，可采取适当的反萃取方法，来达到分离、排除干扰的效果。

3. 超临界流体萃取

物质以气、液、固三种形式存在，在不同的压力和温度下可以相互转换。当温度高于某一数值时，任何高的压力均不能使纯物质由气相转化为液相，此时的温度我们称为临界温度 T_c。在临界温度下，气体能被液化的最低压力称为临界压力（P_c）。临界点是气液平衡线的终点（图2-2），当物质所处的温度高于临界温度，压力大于临界压力时，该物质处于超临界状态。如果物质被加热或被压缩至其临界温度（T_c）和临界压力（P_c）以上状态时，向该状态气体加压，气体不会液化，只会增大其密度，此时气体具有类似液体性质，同时还保留有气体性能，这种状态的物质称为超临界流体（SCF）。

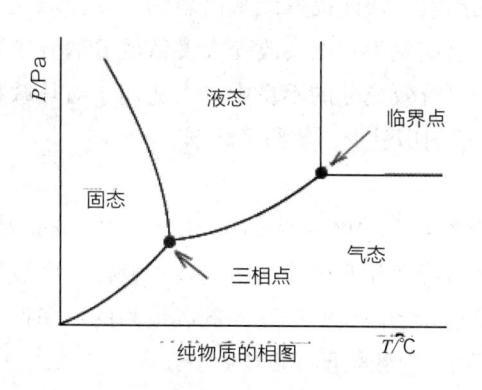

图 2-2 临界点示意图

由表2-1可知，超临界流体不同于一般的气体，也有别于一般液体，它本身具有许多临界特性。其密度类似液体，具有较高的溶解能力；扩散系数比液体高一个数量级，可以充分与样品混合；黏度接近气体，有利于传质；压力或温度的改变均可导致相变。流体在临界区附近，压力和温度的微小变化，都会引起流体密度发生大幅度变化，而非挥发性溶质在超临界流体中的溶解度大致上和流体的密度成正比。因此，超临界流体是一种理想的萃取剂，可从混合物中有选择地溶解其中的某些组分，然后通过减压、升温或吸附将其分离析出。超临界流体萃取是经典萃取工艺的延伸和扩展。

表2-1 气体、液体和超临界液体的性质比较

性质	气体	液体	超临界液体
密度 / (g·mL^{-1})	$(0.6 \sim 2) \times 10^{-3}$	$0.6 \sim 1.6$	$0.2 \sim 0.5$
黏度 / (g·cm^{-1}·s^{-1})	$(1 \sim 3) \times 10^{-4}$	$(0.2 \sim 3) \times 10^{-2}$	$(1 \sim 3) \times 10^{-4}$
扩散系数 / (cm^2/s^{-1})	$0.1 \sim 0.4$	$(0.2 \sim 3) \times 10^{-5}$	0.7×10^{-3}

在实验室里，最常用的超临界流体是CO_2，具有性质稳定、使用安全、价格低廉、临界温度低（T_c=31 ℃）、临界压力适中（P_c=7.2 MPa）等特点。CO_2是非极性物质，对极性化合物的溶解能力很低。为了提高其溶解极性物质的能力，可在体系中加入改性剂，常用的改性剂有甲醇、乙醇、四氢呋喃、二氯甲烷、二硫化碳等。

4. 超声波萃取法

超声波萃取是将超声波产生的空化、振动、粉碎、搅拌等综合效应应用到天然产物成分提取工艺中，通过破坏细胞壁，增加溶剂穿透力，从而提高提取率和缩短提取时间，达到高效、快速提取细胞内容物。其提取是一个物理过程，在整个浸提过程中无化学反应发生，不会改变大多数成分的分子结构，提取时不需加热，避免了常规加热对有效成分的不良影响，适用于对热敏物质的提取；提高了有效成分的提取率；溶剂用量少，节约了溶剂。

5. 微波萃取

微波通常是指频率为$3 \times 10^8 \sim 3 \times 10^{11}$ Hz（波长1 mm到1 m）的电磁波，具有波动性、高频性、热特性和非热特性四大基本特性。微波加热能够透射到生物组织内部，使偶极分子和蛋白质的极性侧链以极高的频率振荡，引起分子的电磁振荡，加快分子的运动，导致热量的产生。

微波萃取是微波和传统的溶剂萃取相结合后形成的一种新的萃取方法。在微

波场中，基体物质的某些区域或萃取体系中的某些组分因吸收微波能力不同使而得其被选择性加热，从而使得被萃取物质从基体或体系中分离出来，进入到介电常数较小、微波吸收能力相对差的萃取剂中。

（四）化学分离法

1. 沉淀分离法

在样品中加入一定量的沉淀剂，让待测组分或干扰组分产生沉淀，再对沉淀进行过滤、洗涤、分离。例如，在测定还原糖含量时，为了消除蛋白质对糖测定的干扰，常在样品处理时加入醋酸铅来沉淀蛋白质。

2. 磺化法和皂化法

一些油脂或油脂含量较多的样品，往往会通过磺化法或皂化法处理来除去脂肪，改变某些组分的亲水、亲脂性。

磺化法是在样品提取液中加入一定量的磺化剂发生磺化反应，使脂肪磺化，并与脂肪、色素中的不饱和键发生加成作用，形成可溶于硫酸和水的强极性化合物，从而不再被弱极性的有机溶剂所溶解，达到分离、纯化的目的。主要的磺化剂有浓硫酸、发烟硫酸、三氧化硫和氯磺酸等。此处理方法简单、快速、效果好，但只适用于对酸稳定的农药残留样品的处理。

皂化法是用碱处理样品液，以除去脂肪等干扰杂质，达到净化的目的。此法只适用于对碱稳定的农药残留样品的处理。

3. 掩蔽法

掩蔽法是在分析测定过程为消除干扰因素，而人为加入某种化学试剂，使其与干扰成分发生作用，在不经过分离过程达到消除对实验测定结果干扰的方法，加入的化学试剂称为掩蔽剂。在农产品理化分析中这种方法应用较多，常用于金属元素的测定，例如，双硫腙比色法测定铅含量时，在实验过程中会加入柠檬酸铵、氰化钾掩蔽剂来消除 Fe^{3+}、Cu^{2+} 对实验结果的干扰。

（五）浓缩、富集法

在一些残留组分分析提取和纯化的样品液中，被测成分的浓度往往较低，达不到仪器检测的响应范围，或者待测物的溶剂与液相色谱不兼容等。这时必须对组分进行浓缩和富集，使供测定的样品达到仪器能够检测的浓度，或进行溶剂转换。通过减少样品溶液中的水分或溶剂，提高待测组分的浓度的过程称为浓缩；通过一定方法使待测组分增加的过程称为富集。常用的浓缩方法有旋转蒸发、K-D 浓缩、真空离心浓缩等。

第三章　光学分析技术

光学分析法是基于物质发射或吸收电磁辐射及物质与电磁辐射相互作用来研究待测物质的性质、含量和结构的一种分析方法。

第一节　光学分析技术的理论基础

一、光的特性

光是电磁辐射的一种形式，是一种电磁波，一种以巨大速度通过空间而不需要任何物质作为传播媒介的光子流。每个波段之间，由于波长或频率不同，光子具有的能量也不相同。光具有波动性和粒子性。

1. 波动性

电磁辐射为正弦波，表示波动性的参数有频率、周期、波长、波数。

（1）频率。为空间某点的电场每秒钟达到正极大值的次数（即每秒内振动的次数）。

（2）周期。两个相邻矢量极大（或极小）通过空间某固定点所需的时间间隔。

（3）波长。表示相邻两个光波各相应点间的直线距离（或相应两个波峰或波谷间的直线距离）。

（4）波数。1 cm 内波的数目。

真空中波长、波数和频率的关系为

$$\nu = \frac{c}{\lambda}, \quad \sigma = \frac{1}{\lambda}$$

式中：c ——光速，λ 为波长，nm；

σ ——波数，cm^{-1}；

v ——频率,Hz。

2. 粒子性

电磁辐射是由一颗颗不连续的光子构成的粒子流。当物质吸收或发射一定波长的电磁波时,是以吸收或发射一颗颗量子化的光子形式进行的。每个光子的能量为

$$E = hv = \frac{hc}{\lambda}$$

式中:E ——光子的能量;

v ——光波的频率,Hz;

h ——普朗克常数(6.626×10^{-34} J·s);

c ——光速(2.9977×10^8 m/s);

λ ——光波的波长。

当粒子的状态发生变化时,该粒子将吸收或发射完全等于两个能级之间的能量差;反之也是成立的,即 $\Delta E = E_1 - E_0 = hv$。吸收是物质选择性吸收特定频率的辐射能而使辐射强度减弱的过程,粒子从低能级跃迁到高能级;发射是物质吸收了外界电能、热能、电磁辐射能、电子或其他基本粒子轰击等的能量,多余的能量以电磁辐射的形式释放出去,使处于激发态的粒子返回到低能级或基态。

二、电磁波谱

电磁辐射按照波长顺序排列起来,称为电磁波谱(表3-1)。

表3-1 电磁波谱

区域	光谱区	波长范围	频率范围	量子跃迁类型
高能辐射	γ射线	5~140 pm	$6 \times 10^{10} \sim 2 \times 10^{12}$	核能级跃迁
	X射线	0.01~10 nm	$3 \times 10^{10} \sim 3 \times 10^{14}$	原子内层电子能级跃迁
光学光谱区	远紫外光	10~200 nm	$1.5 \times 10^9 \sim 3 \times 10^{10}$	外层电子及价电子能级
	近紫外光	200~400 nm	$7.5 \times 10^8 \sim 1.5 \times 10^9$	
	可见光	400~800 nm	$4.0 \times 10^8 \sim 7.5 \times 10^8$	
	近红外光	0.8~2.5 μm	$1.2 \times 10^8 \sim 4.0 \times 10^8$	分子振动能级
	中红外光	2.5~50 μm	$6.0 \times 10^6 \sim 1.2 \times 10^8$	
	远红外光	50~1 000 μm	$1 \times 10^5 \sim 6.0 \times 10^6$	
波谱区	微波	0.1~1 000 mm	$1 \times 10^2 \sim 1 \times 10^5$	分子转动、电子自旋能级
	无线电波	1~1 000 m	$1 \times 0.1 \sim 1 \times 10^2$	核自旋磁能级

三、光学分析法的分类

光学分析法是现代分析化学的重要组成部分，根据测量信号是否与能级跃迁有关分为光谱分析法和非光谱分析法。

（一）光谱分析法

当物质与辐射能相互作用时，物质内部的电子、质子等粒子发生能级跃迁，对所产生的辐射能强度随波长变化作图，所得图谱称光谱，也叫波谱。光谱广泛应用于科学技术研究中，根据每一种物质光谱特性进行物质的结构鉴定、定性分析和定量分析，这种分析方法称为光谱分析法，简称光谱法。光谱法种类很多，发射光谱法、吸收光谱法、散射光谱法是光谱法的三种基本类型。

1. 发射光谱法

发射光谱是物质的原子、离子或分子受到辐射能、热能、电能或化学能的激发跃迁到激发态后，由激发态回到基态时以辐射的方式释放能量而产生的光谱。从光谱表观形态看，物质发射的光谱包括线状光谱、带状光谱和连续光谱三种形式。物质在气态或高温下离解为原子或离子时被激发而发射的狭窄谱线组成的光谱称为线状光谱，也叫原子光谱；物质由分子被激发而发射的一系列光谱带组成的光谱称为带状光谱，也叫分子光谱；由炽热的固体或液体所发射的连续分布的包含有从红光到紫光各种色光的光谱称为连续光谱。

在实验室，运用物质的发射光谱进行物质的定性、定量分析的方法称为发射光谱法。常见的发射光谱分析法有原子发射、原子荧光、分子荧光和磷光光谱法。

2. 吸收光谱法

处于基态和低激发态的原子或分子吸收具有连续分布的某些波长的光而跃迁到各激发态，形成了按波长排列的暗线或暗带组成的光谱称为吸收光谱，利用物质的吸收光谱进行结构分析、定性分析、定量分析的方法称为吸收光谱法。根据物质对不同波长的辐射能的吸收情况，建立了各种吸收光谱法，比如原子吸收光谱法、分子吸收光谱法。分子吸收光谱法根据照射的辐射的波谱区域不同又分为紫外分光光度法、可见分光光度法和红外分光光度法。

3. 散射光谱法

光的散射是指光通过不均匀介质时一部分光偏离原方向传播的现象，偏离原方向的光称为散射光。散射光波长有不发生改变和发生改变两种现象，丁铎尔散射、分子散射属于前一种现象，拉曼散射属于后种现象。波长发生改变的散射与散射物质的微观结构有关。空气中的烟雾、尘埃及浮浊液、胶体等会引起丁铎尔散射，真溶液中不产生丁铎尔散射，可利用丁铎尔散射来区别胶体和真溶液。分子散射是由分子热运动所造成的密度涨落引起的散射。

（二）非光谱分析法

不涉及物质内部能级的跃迁，仅通过测量电磁辐射的某些基本性质（反射、折射、干涉、衍射和偏振）的变化的分析方法称为非光谱分析法，主要有折射法、旋光法、浊度法、X射线衍射法等。

第二节　紫外－可见分光光度法

紫外－可见分光光度法（ultraviolet-visible spectrophotometry, UV-Vis）是利用物质的分子或离子吸收入射光中特定波长的光而产生的吸收光谱进行物质结构、定性和定量分析的一种方法。根据吸收光的波谱区域不同，它可分为紫外分光光度法和可见分光光度法。紫外－可见分光光度计的工作波段在 200~800 nm，其中紫外光区为 200~400 nm，可见光区为 400~800 nm。

一、原理

每一种物质由于各自具有不同的原子、分子或不同的分子空间结构等，其吸收辐射能量的能力是各不相同的。不同波长的光通过待测物质，经待测物质吸收后，测量其对不同波长光的吸光度，以辐射波长为横坐标，吸光度为纵坐标作图，得到该物质的吸收光谱或吸收曲线，根据吸收曲线的峰强度、位置及数目等特征研究待测物质的分子结构。由于每种物质都有其固定的、特有的吸收光谱曲线，可根据吸收光谱上的某些特征波长处的吸光度的大小判别或根据 Lambert-Beer 定律和吸光度计算该物质的含量。

Lambert-Beer 定律是物质对光吸收的基本定律，是分光光度分析法的定量依据和基础。Lambert-Beer 定律的物理意义：当一束平行单色光通过均匀透明液体时，溶液的吸光度 A 与吸光物质浓度 c、液层厚度 L 成正比，即

$$A = EcL$$

式中，吸收系数 E 与吸光物质的性质、入射光波长及温度等因素有关，其物理意义为吸光物质在单位浓度及单位液层厚度时的吸光度。在给定的单色光、溶剂和温度等条件下，吸收系数是物质的特征常数，表示物质对某一特定波长的吸收能力。不同物质对同一波长的单色光，有不同的吸收系数，吸收系数越大，表示该

物质的吸光能力越强，灵敏度高，因此，吸光系数可作为物质定性分析和定量分析灵敏度的估量。吸收系数 E 分为摩尔吸收系数 ε 和百分吸收系数 $E_{1cm}^{1\%}$，摩尔吸收系数 ε，单位为 L/(mol·cm)，其物理意义为吸光物质的溶液浓度为 1 mol/L、液层厚度为 1 cm 时的吸光度；百分吸收系数 $E_{1cm}^{1\%}$ 的单位为 100 mL/(g·cm)，其物理意义为溶液体积分数为 1%（即 100 mL 溶液中吸光物质的质量为 1 g）、液层厚度为 1 cm 时的吸光度。

二、基本结构

紫外-可见分光光度计由光源、单色器、吸收池、检测器和信号显示系统五部分组成。

1. 光源（light source）

常用的光源有钨灯、卤钨灯等热辐射灯，氢灯、氘灯及氙灯等气体放电灯以及金属弧灯等，几种常见光源特点见表 3-2。光谱分析中，光源必须满足两方面的要求，一是能在所需波长范围的光谱区域内发射连续光谱；二是应有足够的辐射强度并能长时间稳定。

表3-2　几种常见光源特点

光源	波长范围 /nm	特　点
钨灯	320~2 500	钨丝易蒸发，寿命短。用于可见光区
卤钨灯	320~2 500	加入卤素使用寿命延长，稳定性好
氢灯	185~375	用于紫外区
氘灯	185~375	发光强度比氢灯高 3~5 倍
汞灯	254~734	用于紫外或荧光分析仪

2. 单色器（monochromator）

单色器是将光源发出的光分离成所需要的单色光的器件，主要由入射狭缝、出射狭缝、棱镜或光栅色散元件和准直镜等组成（图 3-1、图 3-2），入射狭缝用于限制杂散光进入单色器，出射狭缝用于限制通带宽度，将固定波长范围的光射出单色器。准直镜将入射光束变为平行光束后进入色散元件。色散元件将复合光分解成单色光，单色光是单一频率（或波长）的光，不能产生色散。完全的单色光是不存在的，实际上我们获得的单色光都具有一定的有效带宽，有效带宽越窄，选择性越好，分析的灵敏度越高，分析物浓度与光学响应信号的线性相关性越好。

因此，单色器质量的优劣主要决定于色散元件的质量。

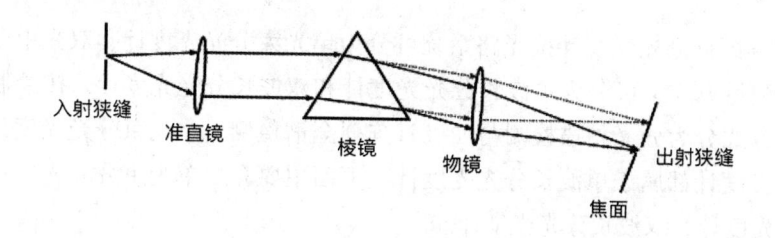

图 3-1　棱镜单色器示意图

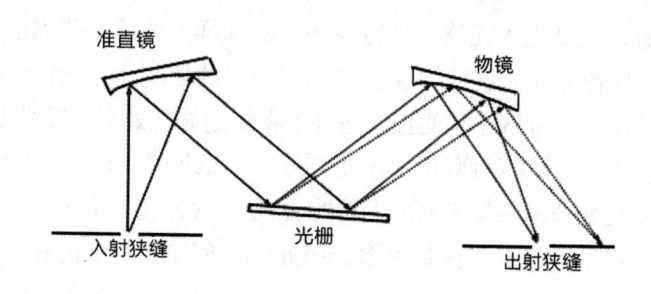

图 3-2　光栅单色器示意图

3. 吸收池（absorption cell）

吸收池，又称比色池或样品池，是用来盛装空白和样品溶液的器皿。它由透明的材料组成，主要有硅酸玻璃、石英玻璃或其他晶体材料等。不同的检测波长可选用不同材料制成的比色池。可见光区应选用普通光学玻璃、有机玻璃、石英玻璃比色杯，紫外光波区检测应选用石英玻比色杯。同一套吸收池的厚度、透光面的透射、反射、折射应严格保持一致。在使用过程中，油污、指纹及池壁上的沉淀物都会对吸收池的透光性能有较大的影响。

4. 检测器

检测器是将接收到的辐射功率变为电流的转换器，常见的有光电池、光电管和光电倍增管。近年来也出现了光多道检测器。

5. 信号显示系统

检测器将光信号转换成电信号后，可用检流计、微安计数字显示器等记录结果。常用的信号显示装置有直读检流计、电位调节指零装置，以及自动记录和数字显示装置等。

三、紫外-可见分光光度计的类型

紫外-可见分光光度计按光路系统可分为单光束分光光度计、双光束分光光度计，按测量方式又可分为单波长分光光度计和双波长分光光度计，按绘制光谱图的检测方式分为分光扫描检测与二极管阵列全谱检测。单光束分光光度计、双光束分光光度计都属于单波长分光光度计。下面主要介绍单光束分光光度计、双光束分光光度计、双波长分光光度计。

1. 单光束分光光度计

单光束分光光度计是经过单色器分光后的一束平行光，通过人为改变参比池和样品池的位置，让其进入光路，进行参比溶液和样品溶液交替测量，其光路示意图见图3-3。这种分光光度计的优点是具有较高的信噪比，光学、机械及电子线路结构都比较简单，价格比较便宜，适合于在给定波长处测量吸光度或透光率，但不能做光谱扫描（与计算机联用的仪器除外）。欲绘制一个全波段的吸收光谱，需要在一系列波长处分别测量吸光度，费时较长。这种仪器由于光源强度的波动和检测系统的不稳定性易引起测量误差。因此，必须配备一个很好的稳压电源以保证仪器的稳定工作。

国产的751型、752型等可见分光光度计属于这类仪器。目前，国内普遍应用的72系列可见分光光度计也属于这类光路。

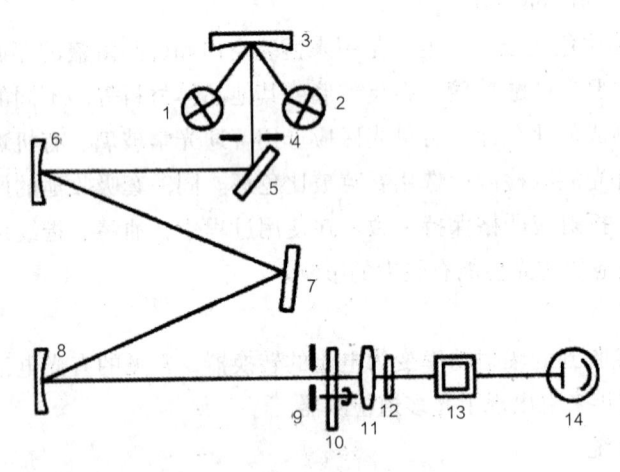

图3-3 单光束分光光度计光路示意图

1—溴钨灯；2—氘灯；3—凹面镜；4—入射狭缝；5—平面镜；6,8—准直镜；7—光栅；9—出射狭缝；10—调制器；11—聚光镜；12—滤色片；13—样品室；14—光电倍增管

2. 双光束分光光度计

双光束分光光度计是将单色器分光后的单色光分成两束，一束通过参比地，一束通过样品池，一次测量即可得到样品液的吸光度（或透光率），其光路示意图见图3-4。

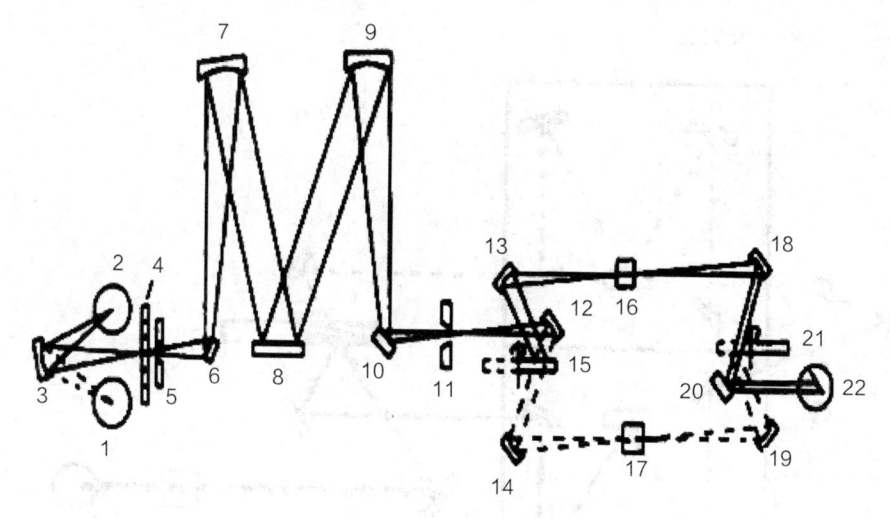

图3-4　双光束分光光度计光路示意图

1—钨灯；2—氘灯；3, 12, 13, 14, 18, 19—凹面镜；4—滤色片；5—入射狭缝；6, 10, 20—平面镜；7, 9—准直镜；8—光栅；11—出射狭缝；15, 21—扇面镜；16—参比池；17—样品池；22—光电倍增管

双光束分光光度计通常采用固定狭缝宽度，使光电倍增管接收器的电压随波长扫描而改变，这样可使参比光束在不同波长处有恒定的光电流信号，同时也有利于差示光度和差示光谱的测定。大多数高精度双光束分光光度计均采用双单色器设计，即利用两个光栅或一个棱镜加一个光栅，中间串联一个狭缝，这样有效地提高了分辨率并降低了杂散光。这种分光光度便于进行自动记录，可在较短的时间内获得全波段的扫描吸收光谱。由于样品与参比信号反复比较，因而消除了光源不稳定、放大器增益变化及光学、电子元件对两条光路的影响。

3. 双波长分光光度计

将从同一光源发出的光分为两束，分别经两个单色器分光后得到两束不同波长（λ1，λ2）的单色光，这两个波长的单色光交替地照射同一溶液，然后经过光电倍增管和电子控制系统检测信号，其光路示意图见图3-5。双波长分光光度计既能测定透明的溶液,又能测定浑浊试样。用双波长法测量时,两个波长的光通过同一吸收池,这样可以消除因吸收池的参数不同、位置不同、污垢及制备参比溶液等带来的误差,使测定的结果更加的准确。另外,双波长分光光度计是用同一光源得到的两束单色光,因此可减小光源电压变化产生的影响,得到低噪声的信号,提高了灵敏度。

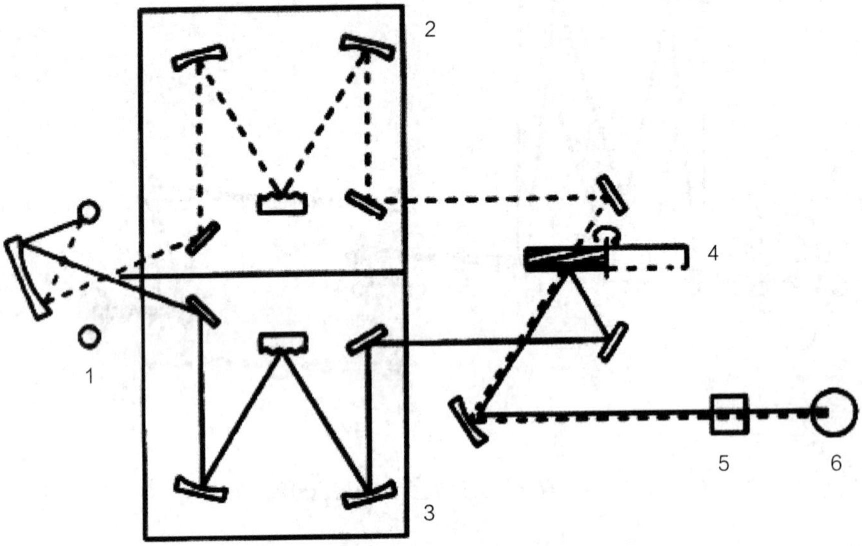

图 3-5 双波长分光光度计光路示意图

1—光源;2,3—单色器;4—斩光器;5—样品吸收池;6—光电倍增管

四、定量分析条件

(一)仪器测量条件

1. 选择恰当的入射光波长

绘制吸收曲线是正确选择波长的有效手段和方法。为了提高灵敏度,在一般情况下,选择被测组分的吸收曲线上的最大吸收波长作为测量波长。但当最大吸收峰很尖锐、吸收过大或附近有干扰存在时,就不能选最大吸收波长作为测量波长,而必须在保证有一定灵敏度的情况下,选择吸收曲线较平坦处对应的波长进行测定,以消除干扰。

2. 选择适宜的吸光度范围

由朗伯(Lambert)- 比尔(Beer)定律: $A = -\lg T = \varepsilon L c$

微分后得：$\mathrm{d}\lg T = 0.434\dfrac{\mathrm{d}T}{T} = -\varepsilon L\mathrm{d}c$

将上两式相比，并将 dT 和 dc 分别换为 T 和 c，得

$$\frac{\Delta c}{c} = \frac{0.434\Delta T}{T\lg T}$$

当相对误差 $\dfrac{\Delta c}{c}$ 最小时，求得 $T=0.368$ 或 $A=0.434$。即当 $A=0.434$ 时，吸光度读数误差最小。因此通常在测定高浓度的溶液时，常采取稀释溶液浓度或改变光程 L 来控制吸光度 A 的读数，以减小实验误差，一般情况下测得的吸光度控制在 0.15~1.00，对特殊实验项目应按照实验要求处理。

（二）参比溶液的选择

测定试样溶液的吸光度的入射光强度是通过参比池的光强度来确定的，这样可消除吸光池、溶剂和待测物质之外的其他成分及对光的反射和吸收带来的测定误差，因此，操作时应先调节仪器使透过参比池溶液的吸光度为零，然后让同一束光通过样品，测得的吸光度才能比较真实地反映待测物质的浓度。

参比溶液的选择视分析体系而定。如果只考虑消除溶剂与吸收池等因素，所测试样简单，共存其他成分对测定波长吸收弱，我们可以用溶剂作为参比溶液。如果仅有待测物质与显色剂的反应产物有吸收，可用纯溶剂或蒸馏水作为参比溶液。如果显色剂有颜色，并在测定波长下有吸收，则用显色剂溶液作为参比溶液。如果样品中其他组分本身的颜色对测定有干扰，而所用显色剂没颜色，则用不加显色剂的样品溶液作为参比液。

第四章 色谱技术

第一节 气相色谱法

气相色谱法（GC）是一种以气体作为流动相对混合组分进行分离分析的方法。气相色谱有多种类型，根据所用固定相状态可分为气－液色谱（GLC）和气－固色谱（GSC）两种类型。气－固色谱的固定相是固体吸附剂；气－液色谱的固定相是固定液和载体，固定液是在色谱工作条件下呈液态的高沸点有机化合物。由于固定液不能直接装在色谱柱内使用，需要将其涂在一种惰性固体支撑物的表面，这种固体支撑物称为载体或担体。根据色谱分离原理，气相色谱可分为吸附色谱和分配色谱两类，气－固色谱属于吸附色谱，气－液色谱属于分配色谱。

一、气相色谱仪组成

气相色谱仪的型号较多，但各类仪器的基本组成大致相同，均由气路系统、进样系统、分离系统、控温系统及检测记录系统组成，详细见图4-1。

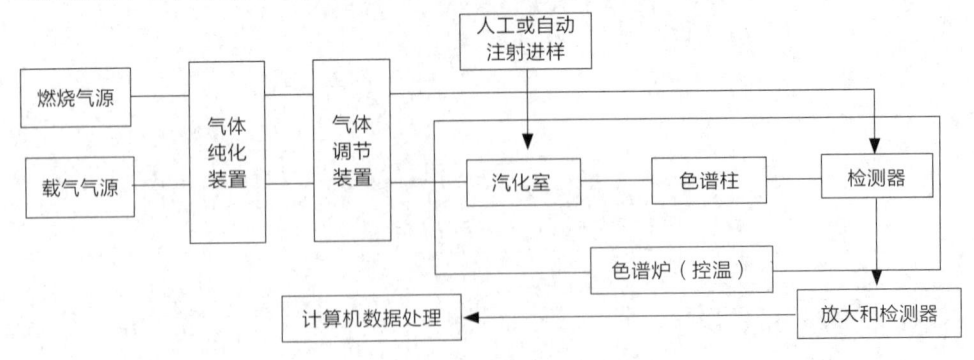

图 4-1 气相色谱仪系统示意图

（一）气路系统

气路系统是指流动相载气流经的部分，是一个密闭管路系统，其装置包括气源、气体净化、气体流速控制和测量等。

气源是提供载气或辅助气体的高压钢瓶或气体发生器，载气是气相色谱过程中的流动相。选择载气的条件应从三方面思考：一是气体不与被分析组分发生化学反应；二是根据检测器的特性来选择；三是要考虑色谱柱的分离效能和分析时间。实验室中常用的载气有氮气、氢气、氦气、氩气等。

气体净化器是用来去除载气中的微量水、有机物等杂质，提高载气纯度，保证基线的稳定性及提高仪器的灵敏度的装置。净化剂主要有活性炭、分子筛、硅胶和脱氧剂。

气体流速控制装置一般由压力表、针形阀、稳流阀构成，具备自动化程度的仪器还有电磁阀、电子流量计等。由于载气流速是影响色谱分离和定性分析的重要操作参数之一，因此要求载气流速稳定，特别是在使用毛细管柱时，如果载气流速控制不精确，就会造成保留时间的重现性差。一般柱内载气流量为 1~3 mL/min。

（二）进样系统

进样系统是将液体或固体试样，在进入色谱柱之前瞬间汽化，然后快速定量地转入到色谱柱中，其装置包括进样导入装置和汽化室两部分。

1. 进样导入装置

根据试样的状态不同，采用不同的进样方式。气体样品可以用注射器进样，也可用旋转式六通阀进样；对于液体样品，一般采用微量进样器进样；对于固体样品，一般先溶解于适当的溶剂中，然后用微量进样器进样。一般填充柱进样量为 0.1~10 μL，而对毛细管柱则为 0.01~1 μL，毛细管柱一般需要通过分流装置来实现较小的进样量。要求瞬时进样，同时几次进样的速度和进针深度应尽量保持一致，从而保证测定结果的准确性和重现性。

2. 汽化室

汽化室是将液体样品瞬间汽化为蒸汽的装置，常用金属块制成汽化室、在汽化室管内有石英衬管，衬管有分流与不分流之分。衬管是可以清洗的。对于汽化室，除了热容量大、死体积小之外，还要求汽化室内壁不发生任何催化反应。汽化室应设置到合适的温度，一般相当于样品沸点或高于沸点，以保证瞬间汽化，但要考虑样品的热稳定性，一般不超过样品沸点 50 ℃以上，以免样品在汽化室内分解。

（三）分离系统

分离系统是把多组分样品分离为单个组分的装置，它由色谱柱组成。色谱柱有两种类型：一种是填充柱，一般由不锈钢、铜、玻璃等材料制成为"U"形或螺旋形，内径一般为2~6 mm，长50~400 cm，内装填吸附剂（气固色谱）或涂有固定相的载体（气液色谱）；另一种是毛细管柱，其材料多为石英，内径为0.2~0.6 mm，柱长为15~300 cm，其内壁可涂固定液。

气相色谱柱中常见的固定相有固体和液体两种，气－固色谱固定相使用方便，但各类有限，能分离的对象不多，通常应用于永久性气体和低沸点物质的分析，气－液色谱应用较广泛，种类多，适用于高沸点化合物的分离。

1. 固体固定相

固体固定相是一些具有多孔性及较大面积的颗粒吸附剂，常用的固体吸附剂有活性炭、活性氧化铝、硅胶、分子筛等。

（1）活性炭。非极性固定相，具有较大的比表面积，吸附性较强，可分离永久性气体及低沸点烃类，最高使用温度不超过300 ℃。

（2）活性氧化铝。弱极性，适用于常温下O_2、N_2、CO、CH_4等气体的分离，最高使用温度不超过400 ℃。

（3）硅胶。较强的极性，与活性氧化铝具有大致相同的分离性能，除能分析上述物质外，还能分析CO_2、N_2O、NO、NO_2等。

（4）分子筛。碱及碱土金属的硅铝酸盐，也称沸石，具有多孔性，属极性固定相。广泛应用于H_2、O_2、N_2、CH_4、CO等的分离，还能测定NO、N_2O等，气相色谱中常用的5A分子筛特别适用于空气O_2、N_2的分离，13X分子筛适合CH_4、CO的分离。

2. 液体固定相

液体固定相由载体和固定液组成，载体一般是一种具有化学惰性、多孔的固体颗粒，能提供较大的比表面积，承担固定液。一般选用40~60目、60~80目或80~100目的颗粒。常用固定液主要有烃类、硅氧烷类、醇类和酯类（表4-1）。

气相色谱中的固定液必须满足下列要求：挥发性小，操作温度下有较低蒸气压，以免流失；热稳定性好，操作温度下不发生分解和聚合反应，并且液体状态，保持固定液原来的特性；化学稳定性好，不与被测组分、担体、载气发生化学反应；对样品中各组分溶解度大，具有良好的选择性，在操作条件下，对沸点相近或者性质相似的不同物质有尽可能高的分离能力。

表4-1 常见固定液品种

固定液名称	商品牌号	使用最高温度/℃	溶剂	相对极性	麦氏常数总和
角鲨烷（异三十烷）	SQ	150	乙醚	0	0
阿皮松L	APL	300	苯	—	143
硅油	OV-101	350	丙酮	+1	229
苯基（10%）甲基聚硅氧烷	OV-3	350	甲苯	+1	423
苯基（20%）甲基聚硅氧烷	OV-7	350	甲苯	+2	592
苯基（50%）甲基聚硅氧烷	OV-17	300	甲苯	+2	827
苯基（60%）甲基聚硅氧烷	OV-22	350	甲苯	+2	1 075
邻苯二甲酸二壬酯	DNP	130	乙醚	+2	
三氟丙基甲基聚硅氧烷	OV-210	250	氯仿	+2	1 500
氰丙基（25%）苯基（25%）甲基聚硅氧烷	OV-225	250	—	+3	1 813
聚乙二醇	PEG-20M	250	乙醇	氢键	2 308
丁二酸二乙二醇聚酯	DEGS	225	氯仿	氢键	3 430

3. 毛细管色谱柱

毛细管色谱柱按制备方法可分为开管型和填充型两大类，前者有壁涂开管柱（WCOT）、载体涂渍开管柱（SCOT）和多孔层开管柱（PLOT），其中WCOT最常用，这种毛细管柱是把固定液直接涂在毛细管内壁上。

WCOT材质为石英玻璃管材，规格有微径柱、常规柱和大口径柱三种。微径柱内径小于0.1 mm，主要用于快速分析；常规柱内径为0.2~0.32 mm，用于常规分析；大口径柱为0.53~0.75 mm，一般液膜厚度较大，常可替代填充柱用于定量分析。

开管毛细管柱与一般填充柱相比，毛细管柱有如下特点：毛细管柱渗透性好，载气流动阻力小，可以增加柱长，提高分离度；相比率大，可以利用高载气流速进行快速分析；柱容量小，允许进样量少；总柱效高，分离复杂混合物组分的能力强；允许温度高，固定液流失小，这样有利于沸点较高组分的分析，同时灵敏度也得到了提高。

（四）控温系统

控温系统是指对气相色谱的汽化室、色谱柱和检测器进行温度控制的装置。由于汽化室、色谱柱和检测器要求的适合温度各有不同，一般情况下，为保证试样能瞬间汽化而不分解，会使汽化室的温度比柱温高。为防止样品在检测室冷凝，检测器温度是三者之间最高的。为满足分析要求，控温系统除有恒温设置外，还有程序升温设置。

（五）检测记录系统

检测记录系统是指从色谱柱流出的各个组分，经过检测器，把浓度（或质量）信号转换成电信号，并经放大器放大后由记录仪显示出最终获得分析结果的装置。它包括检测器、放大器和记录仪。检测器的种类很多，其原理和结构各异。根据应用对象不同，检测器可分为广谱型检测器和专属型检测器两类。广谱型检测器对所有物质均有响应，如热导检测器；专属型检测器仅对特定物质有高灵敏响应，如火焰光度检测器仅对含硫磷的化合物有响应。根据检测原理的不同，检测器可分为浓度型检测器和质量型检测器两大类。浓度型检测器测量的是响应信号与载气中组分的瞬间浓度的线性关系，但峰面积受载气流速影响，因此，当用峰面积定量时，载气应当恒流。常用的浓度型检测器有热导检测器（TCD）和电子捕获检测器（ECD）等。质量型检测器测量的是响应信号与单位时间内进入检测器组分质量的线性关系，而与组分在载气中的浓度无关，因此，峰面积不受载气流速的影响。常见的质量型检测器有氢火焰离子化检测器（FID）和火焰光度检测器（FPD）等。

1.热导检测器

热导检测器是气相色谱中应用最早、最广泛的通用型、浓度型检测器。其优点是结构简单，价格低廉，性能稳定，线性范围宽，不破坏样品；缺点是死体积较大，灵敏度较低，有时会出现不正常的峰，如倒峰等。

热导检测器根据组分和载气具有不同的热导系数设计而成，通常有一个内装4支钨丝的不锈钢池体，每两支为一组，其中一组只通过载气（参比池），另一组通过由色谱柱流过的气体。热导检测器的电路示意图见图4-2。当工作池有被测组分流出时，样品的导热系数和载气不同，可导致工作池的钨丝电阻不同于参比池，这时通过输出与样品浓度成正比的电信号，被放大记录即可得到色谱峰。

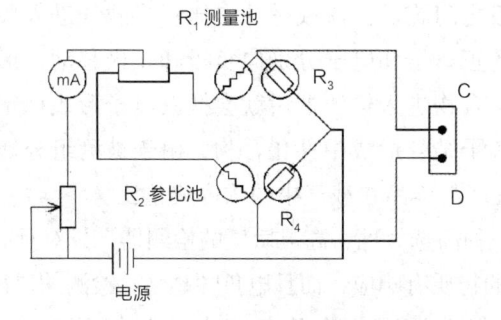

图 4-2　热导检测器的电路示意图

2. 氢火焰离子化检测器

氢火焰离子化检测器简称氢焰检测器，其结构见图 4-3。氢火焰离子化检测器的主要部件是一个离子室，在室下部，载气携带组分流出色谱柱后，与氢气混合，通过喷嘴再与空气混合点火燃烧，形成氢火焰，氢火焰附近设有收集极（正极）和极化极（负极）形成的 150~300 V 的直流电场。当有机物组分进入离子室时，发生离子化反应，电离成正、负离子，产生的离子在两极的静电场作用下定向运动而形成电流，放大记录即可以得到色谱峰。FID 是属于只对碳氢化合物产生信号的通用型检测器，具有高灵敏度、死体积小、响应快、线性范围宽及稳定性好等特点，适合于痕量有机物的分析。但如果样品被破坏，无法进行收集，就不能检测永久性气体及 H_2O、H_2S 等。

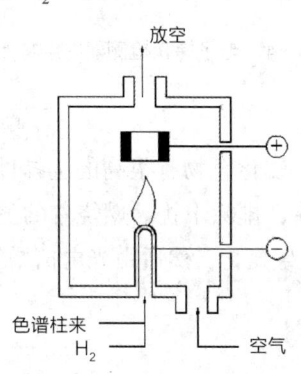

图 4-3　氢火焰离子检测器的结构示意图

3. 电子捕获检测器

电子捕获检测器属于非破坏性检测器，其结构见图 4-4。检测器的池体作为阴极，圆筒内侧装有 ^3H 或 ^{63}Ni 放射源，阳极和阴极之间用陶瓷或聚四氟乙烯绝缘，在阴、阳两极之间施加恒流或脉冲电压。当载气进入检测器时，受射线辐射发生电离，生成的正离子和电子分别向负极和正极移动，形成恒定的基流。当载气中含有电负性化合物进入检测器后就会捕获电子形成稳定的负离子，生成的负离子又与载气正离子结合形成中性化合物，由于被测组分捕获电子，结果导致基流下降，减小的程度与样品在载气中的浓度成正比。

该检测器是一种高选择性、高灵敏度的检测器，只对具有电负性的物质如含卤素、S、P、O、N 的物质有响应，而且电负性越强，检测的灵敏度越高。特别适合农产品和水果蔬菜中农药残留量的检测，在生物化学、药物、农药、环境监测、食品检验等领域有着广泛应用。但该检测器也存在范围窄、受操作条件影响大及重现性差等缺点。载气分子在 ^{3}H 或 ^{63}Ni 放射源中所产生的 β 粒子的作用下离子化，在电场中形成稳定的基流，当含电负性基团的组分通过时，俘获电子使基流减小而产生电信号。

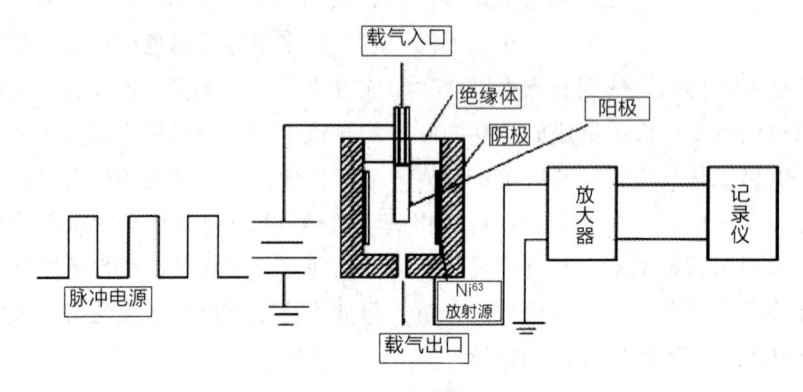

图 4-4 电子捕获检测器的结构示意图

4. 火焰光度检测器

火焰光度检测器对磷、硫化合物有很高的选择性，适当选择光电倍增管前的滤光片将有助于提高选择性，排除干扰。燃烧着的氢焰中，当有样品进入时，则氢焰的谱线和发光强度均发生变化，然后由光电倍增管将光度变化转变为电信号。

二、基本原理

1. 气-固色谱

气-固色谱的流动相是载气，固定相是一种多孔性的且具有较大表面积的吸附剂颗粒，当试样由载气带入色谱柱时，由于混合物中各组分的吸附性不同，被固定相中的吸附剂吸附程度也不相同，某些被吸附的组分又会被载气洗脱下来，洗脱的组分随载气继续前进时，又被前面的吸附剂所吸附。对于每一种溶质而言，在给定的色谱条件下，洗脱过程是洗脱剂分子与被吸附的溶质分子发生竞争吸附的过程，存在一个吸附与解吸的动态平衡，吸附平衡常数 K 表示组分在固定相和流动相中的浓度比

$$K = \frac{组分在固定相中的浓度}{组分在流动相中的浓度}$$

K 值相差越大，各组分越容易实现相互分离。容易洗脱的组分较快地移向前面，不易被洗脱的组分向前移动得慢些。经过一段时间后，试样中各组分就彼此分离而先后流出色谱柱，进入检测器，检测器能够将样品组分的存在与否转变为电信号，而电信号的大小与被测组分的量或浓度成比例，当将这些信号放大并自动记录得出一组峰形曲线，该曲线称色谱流出曲线，又称色谱图。

2.气-液色谱

气-液色谱的固定相是在载体表面涂敷一层高沸点有机化合物的液膜，这种高沸点有机化合物称为固定液，流动相为载气。当载气携带试样进入色谱柱与固定液接触时，气相中的被测组分就溶解在固定液中，载气连续流经色谱柱，某些溶解在固定液中的被测组分又会挥发到气相中。随着载气的流动，挥发到气相中的被测组分又会溶解到前面的固定液中。这样多次反复地溶解、挥发，再溶解，再挥发。

在一定温度和压力下，流动相和固定相之间达到平衡时，组分分配在固定相中的平均浓度与分配在流动相的平均浓度的比值称分配系数，用 K 表示。

$$K = \frac{组分在固定相中的浓度}{组分在流动相中的浓度}$$

K 值越大，说明物质保留时间长，移动速度较慢，较迟出现在流出液中；反之，K 值越小，保留时间短，移动速度快，较早出现在流出液中。

无论是气-固色谱，还是气液色谱，在被测物质中，各组分在两相间的吸附平衡常数或是分配系数是不相同的。吸附平衡常数或是分配系数大的组分每次吸附或分配在流动相中的浓度较小，流出一定长度的色谱柱所需的时间长。吸附平衡常数或是分配系数小的组分却相反。经过足够多次的反复分配，原来吸附平衡常数或是分配系数差别微小的各组分就可以分离开来。

三、气相色谱定性与定量分析方法

气相色谱分析的目的是获得试样的组成和各组分含量等信息，但在获得的色谱图中，并不能直接给出每个色谱峰代表何种组分及其准确含量，这就需要掌握一定的定性、定量分析方法。

（一）定性分析

由于各种物质在一定的色谱条件下均有确定的保留时间，因此保留值可作为一种定性指标。目前各种色谱定性分析都是基于保留值的，分析方法有标准品对照法、文献值对照法、双柱定性法。标准品对照法是一种最简单的方法，将样品和标准品放在同一根色谱柱上，用相同的色谱条件进行分析，做出色谱图后进行比较分析。文献对照法在无法获得标准品时可利用文献值对照进行定性，也就是利用标准品的文献保留值与待测物的测定保留值进行对照来定性分析。双柱定性法是在两根不同的极性柱子上，将待测物的保留值与标准品的保留值或文献上查得的保留值进行对比分析。所选择的两根柱子的极性差别越大，定性分析结果的可信度越高。

但要注意的是，不同物质在同一色谱条件下，可能具有相似或相同的保留值。因此，仅仅只根据保留值对一个完全未知的样品进行定性分析是比较困难的。近年来，利用色谱对混合物的高分离能力和其他结构鉴定结合在一起而发展起来的联用仪器，使得色谱法的定性分析问题得到了很好的解决，如气相色谱－质谱联用仪器。

（二）定量分析

气相色谱是对有机物各组分定量分析最有效的方法，其主要依据是在一定的分离和分析条件下，色谱峰的峰面积或峰高（检测器的响应值）与所测组分的质量或浓度成正比，即

$$m_i = f_i \times A_i$$

式中：m_i——组分量，可以是质量，也可以是物质的量，对气体则可为体积；

f_i——定量校正因子，单位峰面积所代表的待测组分 i 的量；

A_i——峰面积。

1. 定量校正因子

由于相同量的同一种物质在不同类型检测器上往往会有不同的响应灵敏度，相同量的不同物质在同一检测器上的响应灵敏度也往往是不相同的。为了使检测器产生的响应信号能真实地反映物质的含量，在定量计算过程中往往要对响应值进行校正，这就是定量校正因子，它包括绝对定量校正因子和相对定量校正因子两种。绝对校正因子会随色谱实验条件而改变，在实际分析工作中使用较少，相对校正因子应用较多。相对校正因子是某一组分 i 与所选定的参比物质 s 的绝对定量校正因子之比，即

$$f_{i,s} = \frac{f_i}{f_s} = \frac{m_i/A_i}{m_s/A_s}$$

式中：A_s——基准物质的色谱峰面积；

A_i——被测物质的色谱峰面积；

m_s，m_i——基准物质和被测物质的进样量或浓度。

若 m 为质量表示，$f_{i,s}$ 为相对质量校正因子，通常简称质量校正因子。气相色谱的定量校正因子可从手册或文献中查阅，但有些物质的校正因子查不到，或者所用检测器类型或载气与文献中不同时，就需要自己测定。定量校正因子测量一般使用已知浓度的基准物质和被测物质，在设定的相同色谱条件下，以准确体积进样，根据所得色谱峰面积和进样量计算出校正因子。对于热导检测器来说，它只与待测组分、参比物质以及检测器类型有关，而与检测器的结构及条件等无关，因而是一个能通用的常数。一般而言，热导检测器在氢气和氦气为载气时测得的校正因子相差不超过 3%，可以通用；但若用氮气做载气测得的校正因子与前两者相差很大，不能通用。氢火焰离子化检测器的校正因子与载气性质无关。

2. 定量分析方法

气相色谱的定量分析一般采用归一化法、外标法、内标法。

（1）归一化法（normalization method）。如果样品中所有组分都能产生信号，得到相应的色谱峰，那么可用下式计算各组分的量：

$$m_i = f_i \times A_i$$

某一组分或所有组分的含量可按下式计算

$$w_i = \frac{A_i f_i}{A_1 f_1 + A_2 f_2 + A_3 f_3 + \cdots + A_n f_n} \times 100\%$$

若样品中各组分的校正因子相近时，可将校正因子消去，直接用峰面积归一化进行计算，即

$$w_i = \frac{A_i}{A_1 + A_2 + A_3 + \cdots + A_n} \times 100\%$$

归一化法的优点是方便简单，样品进样量和流动相载气流速等对计算结果影响不大；缺点是必须在有机样品中各组分都完全分开，检测器对它们都产生信号。因此，归一化法仅对组分少，且色谱峰很标准的有机样品进行定量分析。

（2）外标法（external standard method）。用待测组分的纯样品作标准品，在相同条件下以标准品与样品中待测组分的响应信号进行比较定量的方法称外标法。该方法可分为工作曲线法及外标一点法等。

工作曲线法是用标准品配制成一系列浓度的标准溶液确定其标准曲线，求得

斜率、截距。在完全相同条件下，准确进样与标准溶液相同体积的样品溶液，根据待测组分的信号，用线性回归方程计算。当待测组分变化不大时，工作曲线的截距为零时，也可用外标一点法（即直接对照法）定量。外标点法方法也比较简便，不需要校正因子，不论样品中其他组分是否出峰，均可对待测组分定量，特别适合大批量相同样品的测试。但这一方法对液体或挥发性不好的有机物组分定量分析时，往往误差较大。

（3）内标法（internal standard method）。向有机样品中选择样品中不含有的纯物质作为参比物质加入，用待测组分与参比物质的峰面积进行对比，从而测定待测组分含量的方法称内标法。该参比物质称内标物。内标法不需要全部组分的色谱峰面积和校正因子，只需待测组分和内标物的色谱峰面积和校正因子就可进行定量分析，克服了归一化方法的缺点。某待测组分在样品中的质量分数可按下式计算

$$w_i = \frac{f_i A_i}{f_s A_s} \times \frac{m_s}{m} \times 100\%$$

式中：m——样品质量，g；

m_s——内标物质量，g；

f_i、f_s——待测组分和内标物的校正因子；

A_i、A_s——待测组分和内标物的峰面积。

内标法的关键是选择合适的内标物。内标物必须满足以下要求：内标物是原样品中不含有的组分，否则会出现峰重叠而无法准确测量内标物的峰面积；内标物的保留时间应与待测组分相近，或处于几个待测组分的色谱峰之间，而且彼此要能完全分离；内标物与待测组分的理化性质相似；内标物必须是纯度符合要求的纯物质，加入的量与待测组分相接近。

第二节　高效液相色谱

高效液相色谱法（High Performance Liquid Chromatography，HPLC）是色谱法的一个重要分支，又叫高压或高速液相色谱，也称现代液相色谱。

一、高效液相色谱仪结构

高效液相色谱仪虽然型号、配置多种多样，但其基本工作原理和流程是相同的，主要包括高压输液系统、进样系统、色谱柱分离系统、检测系统、数据记录

处理系统等（其具体结构示意图见图4-5）。分析前，选择适当的色谱柱和流动相，开泵，冲洗柱子，待柱子达到平衡而且基线平直后，用微量注射器把样品注入进样口，流动相把试样带入色谱柱进行分离，分离后的组分依次流入检测器的流通池，最后和洗脱液一起排入流出物收集器。当有样品组分流过流通池时，检测器把组分浓度转变成电信号，经过放大，用记录器记录下来就得到色谱图。色谱图是定性、定量和评价柱效高低的依据。

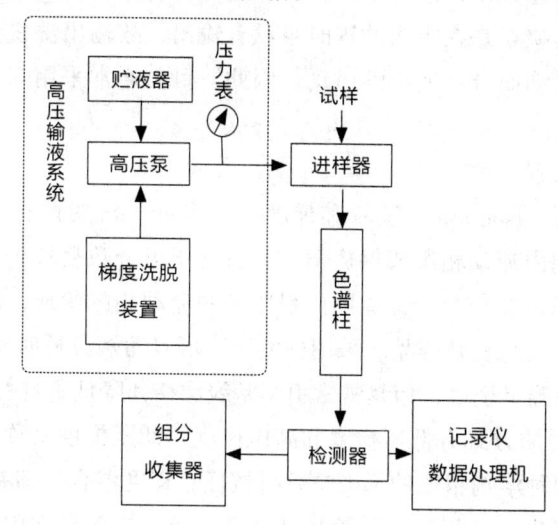

图 4-5　高效液相色谱仪的结构示意图

（一）高压输液系统

高压输液系统由溶剂贮存器、高压输液泵、梯度洗脱装置和压力表等组成。

1. 溶剂贮存器

溶剂贮存器又称贮液器，用来贮存流动相溶剂，其材质应耐腐蚀，一般由玻璃或塑料瓶，容量为 0.5~2.0 L。

2. 高压输液泵

高压输液泵是 HPLC 中最重要的部件之一，其作用是向系统提供准确、精密的流动相，泵的性能好坏直接影响到整个系统的质量和分析结果的可靠性。高压输液泵应具备如下性能：密封性能好，耐腐蚀；流量稳定，重复性高，HPLC 系统使用的检测器大多对流量变化敏感，高压输液泵应提供无脉动流量，这样可降低基线噪声并获得较好的检测下限，流量控制的精密度和重复性最好小于 0.5%，RSD 小于 0.5%；流量范围宽，分析型应在 0.1~10 mL/min，制备型流量可达

100 mL/min；输出压力高，一般能达到 40~50 MPa；泵腔及其流路体积较小，有利于流动相更换和梯度洗脱的准确执行。

泵的种类很多，其中应用最多的是柱塞往复泵，这是目前 HPLC 采用最多的一种高压输液泵。因液缸容积恒定，故柱塞往复一次排出的洗脱液恒定，因而该泵称恒流泵。输出流量的调节是通过改变柱塞的冲程或者柱塞往复运动的频率来实现的。这种泵调速方便，液缸容积较小，通常只有几微升到几百微升，清洗和更换溶剂方便。其缺点是在吸入冲程时泵没有输出，故输出洗脱液的压力和流量随柱塞的往复式运动而产生周期性脉动。因此，目前通常采用双头泵和加脉动阻尼器的方法来克服。

3. 梯度洗脱装置

HPLC 有等度（isocratic）洗脱和梯度（gradient）洗脱两种方式。等度洗脱是在同一分析周期内流动相组成保持恒定，适合于组分数目较少、性质差别不大的样品。梯度洗脱是在一个分析周期内程序控制流动相的组成，用于分析组分数目多、性质差异较大的复杂样品。采用梯度洗脱可以缩短分析时间，提高分离度，改善峰形，提高检测灵敏度，但是常常引起基线漂移和降低重现性。

实现梯度洗脱的方式有低压梯度和高压梯度，低压梯度又称内梯度，高压梯度又称外梯度。两种溶剂组成的梯度洗脱可按任意程度混合，即有多种洗脱曲线：线性梯度、凹形梯度、凸形梯度和阶梯形梯度。线性梯度最常用，尤其适合于在反相柱上进行梯度洗脱。

（二）进样系统

进样系统包括进样口、注射器和进样阀等，它的作用是把分析试样有效地送入色谱柱上进行分离。

HPLC 的进样方式有隔膜进样、停流进样、阀进样、自动进样等多种方式。现在大都使用阀进样和自动进样。在阀进样器中，一般 HPLC 分析常用六通进样阀，见图 4-6，其关键部件由圆形密封垫（转子）和固定底座（定子）组成。由于阀接头和连接管死体积的存在，柱效率低于隔膜进样，但耐高压，进样量准确，重复性好，操作方便。六通阀的进样方式有部分装液法和完全装液法两种。用部分装液法进样时，注入样品的体积应不大于定量环体积的 50%，并要求每次进样体积一致且准确。此法进样的准确度和重复性决定于注射器取样的熟练程度，而且易产生由进样引起的峰展宽；用完全装液法进样时，进样量应不小于定量环体积的 5~10 倍（最少 3 倍），这样才能完全置换定量环内的流动相，消除管壁效应，确保进样的准确度及重复性。

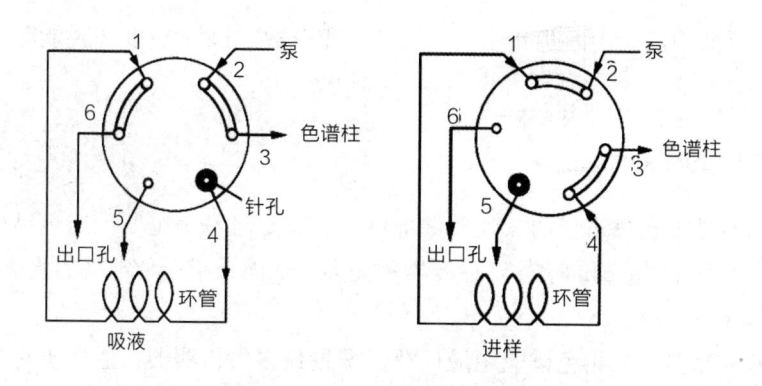

图 4-6　六通进样阀结构示意图

自动进样器由计算机自动控制进行六通阀、计量泵和进样针的位置，自动完成定量取样、洗针、进样、复位等过程。进样量连续可调，进样重现性好，适用于大量样品的分析。

（三）色谱柱分离系统

色谱柱分离系统包括色谱柱、恒温器和连接管等部件，这些部件中核心部件是色谱柱。色谱柱是高效液相色谱系统的心脏，是分离好坏的关键。色谱柱一般用内部抛光的不锈钢制成，柱形多为直形，内部充满微粒固定相，柱温一般为室温或接近室温。色谱柱按用途可分为分析型和制备型两类，尺寸规格也不同。

（1）常规分析柱，内径 2~5 mm（常用 4.6 mm，国内有 4 mm 和 5 mm），柱长 10~30 cm。

（2）窄径柱，内径 1~2 mm，柱长 10~20 cm。

（3）毛细管柱，内径 0.2~0.5 mm，柱长 310 cm。

（4）实验室制备柱，内径 20~40 mm，柱长 10~30 cm。

柱内径一般是根据柱长、填料粒径和折合流速来确定，避免发生管壁效应。

正确使用和维护色谱柱非常重要，稍有不慎会降低柱效，缩短使用寿命，甚至损坏色谱柱。因此，应避免压力、温度和流动相的组成比例急剧变化及任何机械震动，需经常用溶剂冲洗色谱柱，清除保留在柱内的杂质。硅胶柱用正己烷、二氯甲烷和甲醇依次冲洗，然后再以相反顺序依次冲洗，所以溶剂都必须严格脱水。甲醇能洗支残留的强极性杂质，正己烷能使硅胶表面重新活化。反相柱用水、甲醇、乙腈、一氯甲烷或三氯甲烷依次冲洗，然后再以相反顺序依次冲洗。一氯甲烷能洗去残留的非极性杂质，在甲醇（或乙腈）冲洗时重复注射 100~200 μL 四氢呋喃数次，有助于除去强疏水性杂质。四氢呋喃与乙腈或甲醇的混合液能除去类脂。另外用乙腈、丙酮和三氟乙酸（体积分数0.1%）梯度洗脱能除去蛋白质污染。

（四）检测系统

检测器是液相色谱仪的三大关键部件之一，是将每一组分流出色谱柱的总量定量地转化为可供检测的信号。检测器种类多，下面介绍几种常见的检测器。

1. 紫外检测器

紫外检测器是液相色谱应用最广泛、配置最多的检测器，适用于有共轭结构的化合物的检测；可测量190~350 nm范围的紫外光吸收变化，也可在可见光范围350~700 nm内测量；具有灵敏度高，精密性好，线性范围宽，对温度及流动相流速变化不敏感、可用于梯度洗脱等特点。

2. 荧光检测器

荧光检测器是通过测量化合物的荧光强度进行检测的液相色谱检测器，是一种具有高灵敏度和高选择性的浓度型检测器。其原理是利用某些物质在受紫外光激发后，能发射可见光（荧光）的性质来进行检测的。荧光检测器由激发光源、激发光单色器、样品池、发射光单色器和检测发光强度的光电检测器组成。光源发出的光，经激发光单色器后，得到所需要波长的激发光，激发光通过样品池被荧光物质吸收，荧光物质激发后，向四面八方发射荧光。为消除入射光与杂散光的影响，一般取与激发光呈直角的方向测量荧光。荧光至发射光单色器分光后，单一波长的发射光由光电检测器接收。这一检测器只适用于具有荧光的有机化合物（如多环芳烃、氨基酸、胺类、维生素和某些蛋白质等）的测定，对不发生荧光的物质，可利用柱前或柱后衍生化技术，使其与荧光试剂反应，制得可产生荧光的衍生物后再进行测定。

3. 示差折光检测器

示差折光检测器又称折射率检测器，是一种通用型检测器。其原理是样品流通池与参比池之间的折射率之差是作为检测器响应的信号，通过连续测定色谱柱流出液折射率的变化而对样品浓度进行检测，响应信号与溶质的浓度成正比。由于每种物质都有各自的折射率，因此示差折光检测器对所有物质都有响应，具有广泛的适用范围。它对没有紫外吸收的物质，如糖类、脂肪烷烃、高分子化合物等都能够检测。在凝胶色谱中，示差折光检测器是必不可少的，尤其是对聚合物分子量分布的测定。

（五）数据记录处理系统

数据记录处理系统具有控制仪器和记录分析数据的功能，由硬件和软件组成。硬件就是一台计算机，来实时控制色谱仪器及采集色谱数据；软件是一些程序，如色谱仪实时控制程序、峰识别和峰面积积分程序、定量计算程序、报告打印程序等。

二、高效液相色谱法分类

高效液相色谱法按固定相聚集状态分为液液色谱法和液固色谱法，按分离机制的不同分为吸附色谱法、分配色谱法、离子交换色谱法、分子排阻色谱法、亲和色谱等。

（一）吸附色谱法

吸附色谱法（adsorption chromatography）是以固体吸附剂作为固定相基于其对不同组分吸附能力的差异进行混合物的分离，分离过程是一个吸附－解吸附的平衡过程。吸附剂是一些多孔性的固体颗粒，如硅胶或氧化铝等。在吸附高效液相色谱中，流动相通常为混合溶剂，主要溶剂有正己烷或环己烷，以一氯甲烷、二氯甲烷、三氯甲烷或丙酮等作为调节必溶剂，用于调整流动相的极性。

（二）液液色谱法与化学键合相色谱法

液液色谱法是根据物质在两种互不相溶的液体中溶解度不同，有不同的分配系数，从而实现分离的方法。其固定相由固定液与载体构成，将固定液涂在载体上，由于使用时固定相容易流失，该方法已基本淘汰。

化学键合相色谱法是在液液分配色谱法的基础上发展起来的，人们将各种不同的有机团通过化学反应共价键合到硅胶表面游离羟基上，解决了液液分配色谱中固定液流失的问题。这种采用化学反应将固定液的官能团键合在载体表面上形成的固定相称化学键合相，以化学键合相为固定相的液相色谱称化学键合相色谱。

根据键合相与流动相相对极性的强弱，键合相色谱法分为正相键合相色谱法和反相键合相色谱法。正相键合相色谱固定相是极性键合相，以极性有机团如氨基（—NH$_2$）、氰基（—CN）等键合在硅胶表面制得，组分分子在此类固定相上的分离主要靠范德华力中的定向力、诱导力及氢键力，适用于分离极性或强极性的化合物。反相键合相色谱固定相是极性较小的键合相，用极性小的有机基团如苯基、烷基等键合在硅胶表面制成，流动相的极性大于固定相的极性，其分离机理是疏溶剂作用理论,键合在硅胶表面的非极性或弱极性基团具有较强的疏水性,当用极性溶剂作流动相时,组分分子中的非极性部分与极性溶剂相接触互产生排斥力,促使组分分子与键合相的疏水基团产生疏水缔合作用,并使其在固定相上产生保留作用;相反,当组分分子中有极性官能团时,极性部分受到极性溶剂的作用,促使它离开固定相,产生解缔作用并减少其保留作用。因此,不同结构的组分分子在键合固定相上的缔合和解缔能力不同,决定了不同组分分子在色谱分离过程中的迁移速度不一样,从而使各种不同组分得到了分离。适用于分离非极性至中等极性的化合物。反相键合相色谱在现代液相色谱中应用最为广泛,约占整个高效液相色谱法应用的70%~80%,常用的非极性键合相有C18、C8等。

(三)离子交换色谱法

离子交换色谱的固定相一般为离子交换树脂,树脂分子结构中存在许多可以电离的离子,树脂上可电离离子与流动相中具有相同电荷的离子及被测组分的离子进行可逆交换,根据各离子与离子交换基团具有不同的电荷吸引力而分离。该方法不仅广泛应用于分析无机离子,还广泛应用于氨基酸、核酸、蛋白质等的分析。

(四)分子排阻色谱法

分子排阻色谱法(Size Exclusion Chormatography,SEC)的固定相是由一定孔径的多孔性填料,如微孔硅胶、微孔聚合物等,流动相是可以溶解样品,且能湿润固定相、黏度低的溶剂。根据被分离样品中各组分分子大小的不同导致在固定相上渗透程度不同使组分分离。小分子质量的化合物可以进入孔中,滞留时间长;大分子质量的化合物不能进入孔中,直接随流动相流出。该方法常用于分离高分子化合物,如组织提取物、多肽、蛋白质、核酸等。

第二部分 实验篇

第五章 农产品感官分析

实验 5-1 食用植物油的感官分析

【实验目的】

掌握食用植物油的感官分析的基本内容及基本原理,提高对油脂的鉴别分析能力。

【实验原理】

油脂的感官检验包括气味、滋味、色泽、透明度、杂质等,常通过看、闻、尝、听等感官鉴别方法来鉴别其质量和是否掺假。

看:一看透明度。在温度 20 ℃静置 24 h 后,质量好的液态油脂,应呈透明状。如果油脂出现混浊,透明度低,说明油中水分多,黏蛋白和磷脂多,加工精炼程度差,混入了碱脂、蜡质、杂质等物质;有时油脂变质或掺了假后,也能出现油脂混浊和透明度差的现象。二看色泽。纯净的油应为无色或带自身色素的浅色(除芝麻油外),如油料经蒸、炒或热压生产的油,常比冷压生产出的油色泽深。三看沉淀物。质量正常的油无沉淀和悬浮物,且黏度小。

闻:每种油都有各自独特的气味,有异味的油说明质量有问题;有臭味的可能是"地沟油"。

尝:通过嘴尝得到的味感。除小磨香油带有特有的芝麻香味外,一般食用油多无任何滋味。质量正常的油无异味,如油有苦、辣、酸、麻等味感则说明已变质,有焦煳味的油质量也不好。

听:取油层底部的油 1~2 滴,涂在易燃的纸片上,点燃并听其响声。燃烧正常无响声的是合格产品;燃烧不正常且发出"吱吱"声音的是水分超标产品,不合格;发出"噼啪"爆炸声,表明油的含水量严重超标,且有可能是掺假产品。

【器材】

植物食用油（不同品牌、不同种类）、玻璃插油管、比色管、比色盒、恒温水浴锅、酒精灯。

【实验步骤】

1. 色泽检验

用 1.0~1.5 cm 长的玻璃插油管抽取澄清无残渣的油品约 8 mL 于 10 mL 比色管中，在室温下先对着自然光观察，然后再置于白色背景前借其反射光线观察。

2. 透明度检验

一般用插油管将油吸出，用肉眼即可判断透明度，透明度分为清晰透明、微浊、浑浊、极浊及有无悬浮物等。

3. 气味检验一般有以下几种检验方法。

（1）装油脂的容器在开口的瞬间，将鼻子凑近容器口，闻其气味。

（2）取 1~2 滴油样放在手掌或手背上，双手合拢，快速摩擦至发热，闻其气味。

（3）将试样置于水浴上，加热至 50 ℃，以玻璃棒迅速搅拌，嗅其气味。

4. 滋味检验

用玻璃棒取少许油样，点涂在舌上，辨其滋味。质量不正常的油脂会带有酸、辛辣和焦苦等滋味；质量正常的油脂无异味。

5. 水分和杂质检验

植物油脂中水分和杂质的鉴别检验是按照油脂的透明与浑浊程度、悬浮物和沉淀物的多少及改变条件后所出现的各种现象等来进行感官分析判断的，一般有以下几种方法。

（1）取样观察法。取干燥洁净的玻璃插油管 1 支，用大拇指将玻璃管上口按住，斜插入装油容器内至底部，然后放开大拇指，微微摇动，稍停后再用大拇指按住管口，提起后观察管内情况。常温下，油脂清晰透明，水分和杂质质量分数在 0.3% 以下；若出现浑浊，水分和杂质质量分数在 0.4% 以上；油脂出现明显的混浊并有悬浮物，则水分和杂质质量分数在 0.5% 以上。

（2）烧纸验水法。取干燥洁净的插油管，用食指堵住油管上口，插入静置的油容器内直至底部，放开上口，插取少许底部沉淀物，涂在易燃烧的纸片上，点燃，听其发出的声音，观察其燃烧现象。燃烧时产生油星四溅现象，并发出"叭叭"的爆炸声，说明水分含量高。

（3）钢勺加热法。用钢勺取有代表性油样约 250 mL，在炉火或酒精灯上加热，温度在 150~160 ℃，看其泡沫，听其声音，观察其沉淀情况，如出现大量泡沫，又发出"吱吱"响声，说明水分含量高；加热后拨去油沫，观察油的颜色，若油色变深，有沉淀，说明杂质较多。

【实验结果】

对照表 5-1 中各油脂产品的感官质量标准指标，对实验样品进行逐一感官评定，并列表选择恰当的词汇描述样品的整体感官印象。

表5-1 油脂感官质量标准

品名	等级	色泽	透明度	气味与滋味	杂质
大豆油	优质	油色呈黄色至橙黄色，澄清	完全清晰透明	有大豆油固有的气味和滋味，无异味	无沉淀
大豆油	良质	油色呈橙黄色至棕色	较清晰透明	有大豆油固有的气味和滋味，无异味	有微量沉淀物
大豆油	次质	油色呈棕色至棕褐色	稍浑浊	气味平淡，微有异味	有少量悬浮物及沉淀物
大豆油	劣质	异常	异常	异常	有明显的悬浮物
花生油	优质	油色呈淡黄色	清晰透明	正常	无沉淀物
花生油	良质	油色呈橙黄色	稍有混浊	正常	微量沉淀物，无明显悬浮物
花生油	次质	油色呈棕黄色	稍有混浊	正常	有悬浮物及沉淀物
花生油	劣质	异常	异常	酸败，有焦臭异味	杂质多
芝麻油	优质	油色呈棕红色	清晰透明	有浓郁的芝麻油香味，口味纯正	无沉淀物
芝麻油	良质	油色呈棕红色至棕褐色	清晰透明	有浓郁的芝麻油香味，口味正常	有微量沉淀物，其杂质质量分数不超过 0.2%
芝麻油	次质	油色色泽较浅（掺有其他油脂）或偏深	略有浑浊	香味平淡，稍有异味	有少量悬浮物及沉淀物
芝麻油	劣质	油色呈褐色或黑褐色	油液浑浊	香气微弱，有霉味、不良气味	有大量悬浮物及沉淀物

续 表

品名	等级	色泽	透明度	气味与滋味	杂质
菜籽油	良质	油色呈黄色至棕色	清晰透明	有菜籽油特有的气味和滋味，无异味	有微量沉淀物，其杂质质量分数不超过0.2%
	次质	油色呈棕红色至棕褐色	微浑浊	气味和滋味平淡	有少量悬浮物及沉淀物
	劣质	油色呈褐色	极度浑浊	有不良的气味和滋味	有大量悬浮物及沉淀物
米糠油	良质	油色呈淡绿色	清晰透明	有米糠油固有的气味和滋味，无异味	可有微量的沉淀物，其杂质含质量分数不超过0.2%
	次质	油色呈绿色	微浑浊	米糠油固有的气味和滋味平淡	有少量悬浮物及沉淀物

【注意事项】

（1）进行油脂色泽的感官检测时，应将样品混匀并过滤，然后倒入50 mL比色管或直径为50 mm，高为100 mm的烧杯中，油脂高度不得低于5 mm。在室温下，先对着自然光线观察，然后再置于白色背景前，借其反射光线观察。

（2）对油脂检测取样时，注意吸样工具的沿边操作，并及时清洗等，应避免污染。

【思考题】

（1）油脂气味检验的方法有哪些？

（2）如何判断食用植物油脂是否酸败？

（3）油脂感官检验可用哪种检验法？该方法有何特点？

实验5-2　茶叶品质的感官审评

【实验目的】

了解各类典型茶叶的质量状况和标准，掌握茶叶的外形审评和内质审评操作方法。

【实验原理】

茶叶审评是茶叶检验的基础,是运用正常的视觉、嗅觉、味觉、触觉等辨别能力,对茶叶产品的外形、汤色、香气、滋味与叶底等品质因子进行综合分析和评价的过程。茶叶的感官评审分干看和湿看,干看就是外形审评(包括外形、嫩度、色泽、整碎和净度),湿看就是内质审评(包括色、香、味和叶底)。初制茶的审评按照茶叶的外形(包括形状、嫩度、色泽、整碎和净度)、汤色、香气、滋味和叶底"五项因子"进行;精制茶的审评按照茶叶外形的形状、色泽、整碎和净度,内质的汤色、香气、滋味和叶底等"八项因子"进行。

【器材与试剂】

天平、审茶盘、审茶碗、审茶杯、水壶、漱口杯等。

(1)初制茶(毛茶)审评杯碗。杯呈圆柱形,高 75 mm,外径 80 mm,容量 250 mL。具盖,盖上有一小孔,杯盖上面外径 92 mm,与杯柄相对的杯口上缘有三个呈锯齿形的滤茶口。口中心深 4 mm,宽 2.5 mm。碗高 71 mm,上口外径 112 mm,容量 440 mL。

(2)精制茶(成品茶)审评杯碗。杯呈圆柱形,高 66 mm,外径 67 mm,容量 150 mL。具盖,盖上有一小孔,杯盖上面外径 76 mm。与杯柄相对的杯口上缘有三个呈锯齿形的滤茶口,口中心深 3 mm,宽 2.5 mm。碗高 56 mm,上口外径 95 mm,容量 240 mL。

(3)乌龙茶审评杯碗。杯呈倒钟形,高 52 mm,上口外径 83 mm,容量 110 mL。具盖,盖外径 72 mm。碗高 51 mm,上口外径 95 mm,容量 160 mL。

【实验步骤】

1. 茶叶的外形审评

将 100~200 g 样茶倒入审茶盘中,双手握住茶盘对角,一手要拿住样盘的倒茶小缺口,用回旋筛转法,使盘中茶叶分出上、中、下三层,用目测、手感等方法,通过调换位置反复查看比较外形。

初制茶用目测审评面张茶后,用手轻轻地将大部分上、中段茶抓在手中,审评没有抓起的留在评茶盘中的下段茶的品质;然后,抓茶的手反转、手心朝上摊开,将茶摊放在手中,目测审评中段茶的品质,同时,用手掂估同等体积茶的质量。

精制茶用目测审评面张茶后,双手握住评茶盘,用"簸"的手法,让茶叶在评茶盘中从内向外按形态呈现从大到小的排布,分出上、中、下档,然后目测审评。

2. 茶汤制备与各因子审评顺序

（1）红茶、绿茶、黄茶、白茶、乌龙茶（柱形杯审评法）。称取样茶 3.0 g 或 5.0 g 投入审评杯内，茶水比为 1∶50，注满沸水，加盖，计时（表5-2）。规定时间后，将杯内茶汤滤入审评碗内，留叶底于杯中，按汤色、香气、滋味、叶底的顺序逐项审评。

表5-2　各类茶冲泡时间

茶类	冲泡时间/min
绿茶	4
红茶	5
乌龙茶（条型、拳曲型）	5
乌龙茶（圆结型、颗粒型）	6
白茶	5
黄茶	5

（2）乌龙茶（盖碗审评法）。沸水烫热评茶杯碗，称取有代表性茶样 5.0 g，置于 110 mL 倒钟形评茶杯中，快速注满沸水，用杯盖刮去液面泡沫，加盖，1 min 后，揭盖嗅其盖香，评茶叶香气，至 2 min 沥茶汤入评茶碗中，评汤色和滋味。第二次冲泡，加盖，1~2 min 后，揭盖嗅其盖香，评茶叶香气，至 3 min 沥茶汤入评茶碗中，再评汤色和滋味。第三次冲泡，加盖，2~3 min 后，评香气，至 5 min 沥茶汤入评茶碗中，评汤色和滋味。最后闻嗅叶底香，并倒入叶底盘中，审评叶底。结果以第二次冲泡为主要依据，综合第一、第三次冲泡，统筹评判。

（3）黑茶（散茶）（柱形杯审评法）。取有代表性茶样 3.0 g 或 5.0 g，茶水比 1∶50，置于相应的审评杯中，注满沸水，加盖浸泡 2 min，按冲泡次序依次等速将茶汤沥入评茶碗中，审评汤色、嗅杯中叶底香气、尝滋味后，进行第二次冲泡，时间 5 min，沥出茶汤依次审评汤色、香气、滋味、叶底。结果汤色以第一次冲泡为主评判，香气、滋味以第二次冲泡为主评判。

（4）紧压茶（柱形杯审评法）。称取有代表性的茶样 3.0 g 或 5.0 g，茶水比 1∶50，置于相应的审评杯中，注满沸水，依紧压程度加盖浸泡 2~5 min，按冲泡次序依次等速将茶汤沥入评茶碗中，审评汤色，嗅杯中叶底香气，尝滋味；进行第二次冲泡，5~8 min 后，沥出茶汤依次审评汤色、香气、滋味、叶底。结果以第二泡为主，综合第一泡进行评判。

（5）花茶（柱形杯审评法）。拣除茶样中的花瓣、花萼、花蒂等花类夹杂物，称取有代表性茶样 3.0 g，置于 150 mL 精制茶评茶杯中，注满沸水，加盖浸泡 3 min，按冲泡次序依次等速将茶汤沥入评茶碗中，审评汤色、香气（鲜灵度和纯度）、滋味；第二次冲泡 5 min，沥出茶汤，依次审评汤色、香气（浓度和待久性）、滋味、叶底。结果结合两次冲泡综合评判。

（6）袋泡茶（柱形杯审评法）。取一茶袋置于 150 mL 评茶杯中，注满沸水，加盖浸泡 3 min 后揭盖上下提动袋茶两次（两次提动间隔 1 min），提动后随即盖上杯盖，至 5 min，沥茶汤入评茶碗中，依次审评汤色、香气、滋味和叶底。叶底审评茶袋冲泡后的完整性。

（7）粉茶（柱形杯审评法）。取 0.6 g 茶样，置于 240 mL 的评茶碗中，用 150 mL 的审评杯注入 150 mL 的沸水，定时 3 min，并用搅拌，依次审评其汤色、香气与滋味。

3. 茶叶的内质审评（湿评）方法

（1）看汤色。用目测法审评茶汤颜色种类与色度、明暗度和清浊度，审评时应注意光线、评茶用具对茶汤审评结果的影响，随时可调换审评碗的位置以减少环境对汤色审评的影响。一般茶汤色以黄绿明亮为好；如汤色浅薄、暗浊、沉淀物多，则表明茶质较差。

（2）嗅香气。在杯温约 75 ℃、45 ℃、接近室温时分别一手持杯，一手持盖，靠近鼻孔，半开杯盖，嗅评杯中香气，每次持续 2~3 s，后随即合上杯盖，可反复 1~2 次。审评其香气类型、浓度、纯度、持久性，判断香气的质量。一般以高锐、鲜爽、浓烈、持久、纯正、无异味为好，如香气淡薄、低沉而带有粗异气味者为次。

（3）尝滋味。在茶汤温度为 50 ℃，用茶匙取适量（5 mL）茶汤于口内，通过吸吮使茶汤在口腔内循环打转，接触舌头各部位，吐出茶汤或咽下，审评其浓淡、厚薄、醇涩、纯异和鲜钝。一般茶汤滋味以口感醇厚、甘甜为好，如平淡乏味或含有粗涩异味者为次。

（4）评叶底。精制茶采用黑色叶底盘，毛茶与乌龙茶等采用白色搪瓷叶底盘，操作时应将杯中的茶叶全部倒入叶底盘中，其中白色搪瓷叶底盘中要加入适量清水，让叶底漂浮起来。用目测、手感等方法审评其嫩度、色泽、明暗度和匀整度。一般叶底以细嫩多芽，芽叶完整、柔软、肥厚、匀齐者为好；以粗老、多筋梗、瘦茶、混杂、断碎茶多者为差。

4. 审评结果与判定

（1）级别判定。对照一组标准样品，比较未知茶样品与标准样品之间某一级别在外形和内质方面的相符程度（或差距）。首先，对照一组标准样品的外形，从外形的形状、嫩度、色泽、整碎和净度五个方面综合判定未知样品等于或约等于标准样品中的某一级别，即定为该未知样品的外形级别；然后从内质的汤色、香气、滋味与叶底四个方面综合判定未知样品等于或约等于标准样中的某一级别，即定为该未知样品的内质级别。未知样最后的级别判定结果按下式计算

$$未知样的级别 = \frac{外形级别 + 内质级别}{2}$$

（2）合格判定。

①评分。以成交样或标准样相应等级的色、香、味、形的品质要求为水平依据，按形状、整碎、净度、色泽、香气、滋味、汤色和叶底八项审评因子和审评方法，将生产样对照标准样或成交样逐项对比审评，判断结果按"七档制"（表5-3）方法进行评分，但要注意对袋泡的审评因子不考虑整碎和色泽，紧压茶不考虑整碎，粉茶不考虑整碎和叶底。

表5-3 "七档制"审评方法

七档制	评分	说明
高	+3	差异大，明显好于标准样
较高	+2	差异较大，好于标准样
稍高	+1	仔细辨别才能区分，稍好于标准样
相当	0	标准样或成交样的水平
稍低	-1	仔细辨别才能区分，稍差于标准样
较低	-2	差异较大，差于标准样
低	-3	差异大，明显差于标准样

②结果计算。审评结果按下式计算

$$Y = A_n + B_n + \cdots H_n$$

式中：Y——茶叶审评总得分；

A_n、$B_n \cdots H_n$——各审评因子的得分。

③结果判定。任何单一审评因子中得 -3 分者判该样品为不合格。总得分为 -3

分者该样品为不合格。

（3）品质评定。

①评分的形式分为独立评分和集体评分。独立评分，整个审评过程由一个或若干个评茶员独立完成；集体评分，整个审评过程由三人或三人以上（奇数）评茶员一起完成。参加审评的人员组成一个审评小组，推荐其中一人为主评。审评过程中由主评先评出分数，其他人员根据品质标准对主评出具的分数进行修改与确认，对观点差异较大的茶进行讨论，最后共同确定分数，如有争论、投票决定，并加注评语，评语引用 GB/T 14487—2017。

②评分的方法。茶叶品质顺序的排列，样品应在两种（含两种）以上，评分前对茶样进行分类、密码编号，审评人员在不了解茶样的来源、密码条件下进行盲评，根据审评知识与品质标准，按外形、汤色、香气、滋味和叶底"五项因子"采用百分制，在公平、公正条件下给每个茶样每项因子进行评分，并加注评语，评语引用 GB/T 14487—2017，评分标准参见表5-4。

表5-4　茶叶品质评语与各品质因子评分标准表

品名	等级档次	给分	特征				
^	^	^	外形	汤色	香气	滋味	叶底
绿茶	甲	90~99	以单芽或一芽一叶初展到一芽二叶为原料，造型有特色，色泽嫩绿或翠绿或深绿或鲜绿，油润，匀整，净度好	嫩绿明亮或绿明亮	高爽有栗香，或有嫩香，或带花香	甘鲜或鲜醇，醇厚鲜爽，浓醇鲜爽	嫩匀多芽，较嫩绿明亮，匀齐
绿茶	乙	80~99	较嫩，以一芽二叶为主为原料，造型较有特色，色泽墨绿，或黄绿，或青绿，较油润，尚匀整，净度较好	尚绿明亮或黄绿明亮	清香,尚高爽,火工香	清爽,浓醇,尚醇厚	嫩匀有芽，绿明亮，尚匀齐
绿茶	丙	70~79	嫩度稍低，造型特色不明显，色泽暗褐，或陈灰，或灰绿，或偏黄，较匀整，净度尚好	深黄或黄绿欠亮，或浑浊	尚纯，熟闷，老火	尚醇，浓涩，青涩	尚嫩，黄绿，欠匀齐
工夫红茶	甲	90~99	细紧，或紧结，或壮结，露毫有锋苗，色乌黑油润或棕褐油润显金毫，匀整，净度好	橙红明亮或红明亮	嫩香,嫩甜香,花果香	鲜醇或甘醇，或醇厚鲜爽	细嫩（肥嫩）多芽或有芽，红明亮
工夫红茶	乙	80~99	较细紧或较紧结较乌润，匀整，净度较好	尚红亮	高,有甜香	醇厚	嫩软，略有芽，红明亮
工夫红茶	丙	70~79	紧实或壮实，尚乌润，尚匀整，净度尚好	尚红欠亮	纯正	尚醇	尚嫩，多筋，尚红亮

续 表

品名	等级 档次	给分	特征 外形	汤色	香气	滋味	叶底
红(碎)茶	甲	90~99	嫩度好，锋苗显露，颗粒匀整，净度好，色鲜活润	色泽依品类不同，但要清澈明亮	高爽或高鲜、纯正、有嫩茶香	醇厚鲜爽、浓醇鲜爽	嫩匀多芽尖，明亮，匀齐
红(碎)茶	乙	80~99	嫩度较好，有锋苗，颗粒较匀整，净度较好，色尚鲜活油润	色泽依品类不同，较明亮	较高爽、较高鲜	浓厚或浓烈、尚醇厚、尚鲜爽	嫩尚匀，尚明亮，尚匀齐
红(碎)茶	丙	70~79	嫩度稍低，带细茎，尚匀整，净度尚好，色欠鲜活油润	欠明亮或有浑浊	尚纯、熟、老火或青气	尚醇、浓涩、青涩	尚嫩，尚亮，欠匀齐
乌龙茶	甲	90~99	重实、紧结，品种特征或地域特征明显，色泽油润，匀整，净度好	色度因加工工艺而定，可从蜜黄加深到橙红，但要求清澈明亮	品种特征或地域特征明显，花香、花果香浓郁，香气优雅纯正	浓厚甘醇或醇厚滑爽	叶质肥厚软亮做青好
乌龙茶	乙	80~99	较重实、较壮结，有品种特征或地域特征，色润，较匀整，净度尚好	色度因加工工艺而定，较明亮	品种特征或地域特征尚明显，有花香或花果香，但浓郁与纯正性稍差	浓醇较爽，尚醇厚滑爽	叶质较软亮，做青较好
乌龙茶	丙	70~79	尚紧实或尚壮实，带有黄片或黄头，色欠润，欠匀整，净度稍差	色度因加工工艺而定，多沉淀，欠亮	花香或花果香不明显，略带粗气或老火香	浓尚醇，略有粗糙感	稍硬，青暗，做青一般
黑茶(散茶)	甲	90~99	肥硕或壮结，或显毫，形态美，色泽油润，匀整，净度好	根据后发酵的程度可有红浓、橙红、橙黄色，明亮	香气纯正，无杂气味，香高爽	醇厚，回味甘爽	嫩匀多芽，明亮，匀齐
黑茶(散茶)	乙	80~99	尚壮结或较紧结，有毫，色泽尚匀润，较匀整，净度较好	根据后发酵的程度可有红浓、橙红、橙黄色，尚明亮	香气较高尚纯正，无杂气味	较醇厚	尚嫩匀，略有芽，明亮，尚匀齐
黑茶(散茶)	丙	70~79	壮实或紧实或粗实，尚匀净	红浓暗或深黄或黄绿欠亮或浑浊	尚纯	尚醇	尚柔软，尚明，欠匀齐

续 表

品名	等级 档次	给分	特征 外形	汤色	香气	滋味	叶底
紧压茶	甲	90~99	形状完全符合规格要求，松紧度适中表面平整	色泽依茶类不同，明亮	香气纯正，高爽，无杂异气味	醇厚，有回味	黄褐或黑褐，匀齐
紧压茶	乙	80~99	形状符合规格要求，松紧度适中，表面尚平整	色泽依茶类不同，尚明亮	香气尚纯正，无异杂气味	醇和	黄褐或黑褐，尚匀齐
紧压茶	丙	70~79	形状基本符合规格要求，松紧度较适合	色泽依茶类不同，欠亮或浑浊	香气尚纯，有烟气、微粗等	尚醇和	黄褐或黑褐，欠匀齐
白茶	甲	90~99	以单芽到一芽二叶初展为原料，芽毫肥壮，造型美、有特色，白毫显露，匀整，净度好	杏黄、嫩黄明亮，浅白明亮	嫩香或清香，毫香显	毫味明显，甘和鲜爽或甘鲜	全芽或一芽一、二叶，软嫩灰绿明亮、匀齐
白茶	乙	80~99	以单芽到一芽二叶初展为原料，芽较瘦小，较有特色，色泽银绿较鲜活，白毫显，匀整，净度尚好	尚绿黄明亮或黄绿明亮	清香，尚有毫香	醇厚较鲜爽	尚软嫩匀，尚灰绿明亮、尚匀齐
白茶	丙	70~79	嫩度较低，造型特色不明显，色泽暗褐或红褐，较匀整，净度尚好	深黄或泛红或浑浊	尚纯，或有醇气或有青气	尚醇，浓稍涩，青涩	尚嫩、黄绿有红叶，欠匀齐
黄茶	甲	90~99	细嫩，以单芽到一芽二叶初展为原料，造型美，有特色，色泽嫩黄或金黄，油润，匀整，净度好	嫩黄明亮	嫩香或嫩栗香，有甜香	醇厚甘爽，醇爽	细嫩多芽或嫩厚多芽，嫩黄明亮、匀齐
黄茶	乙	80~99	较细嫩，造型较有特色，色泽褐黄或绿带黄，较油润，尚匀整，净度较好	尚黄明亮或黄明亮	高爽，较高爽	浓厚或尚醇厚，较爽	嫩匀有芽，黄明亮，尚匀齐
黄茶	丙	70~79	嫩度稍低，造型特色不明显，色泽暗褐或深黄，欠匀整，尚好	深黄或绿黄欠亮或浑浊	尚纯，熟闷老火	尚醇或浓涩	尚嫩，黄尚明，欠匀齐
花茶	甲	90~99	细紧或壮结，多毫或锋苗显露，造型有特色，色泽尚碧绿或嫩黄、油润，匀整，净度好	嫩黄明亮或尚嫩绿明亮	鲜灵，浓郁，纯正，持久	甘醇或醇厚，鲜爽，花香明显	细嫩多芽或嫩厚多芽，黄绿明亮
花茶	乙	80~99	较细紧或较紧结，有毫或有锋苗，造型较有特色，色泽尚碧绿，较油润，匀整，净度较好	黄明亮或黄绿明亮	较鲜灵，较浓郁,较纯正，尚持久	浓厚或较醇厚	嫩匀有芽，黄明亮
花茶	丙	70~79	紧实或壮实，造型特色不明显，色泽黄或黄褐，较匀整，净度尚好	深黄或黄绿欠亮或浑浊	尚浓郁,尚鲜，较纯正	熟，浓涩，青涩	尚嫩，黄明

续 表

品名	等级		特征				
	档次	给分	外形	汤色	香气	滋味	叶底
袋泡茶	甲	90~99	滤纸质量优，包装规范，完全符合标准要求	色泽依茶类而不同，但要清澈、明亮	高鲜，纯正，有嫩茶香	鲜醇，甘鲜，醇厚鲜爽	滤纸薄而均匀、过滤性好，无破损
	乙	80~99	滤纸质量较优，包装规范，完全符合标准要求	色泽依茶类不同，较明亮	高爽或较高鲜	清爽，浓厚，尚醇厚	滤纸厚薄较均匀，过滤性较好，无破损
	丙	70~79	滤纸质量较差，包装不规范、有欠缺	欠明亮或有浑浊	尚纯，熟，老火或青气	尚醇或浓涩或青涩	掉线或有破损
粉茶	甲	90~99	嫩度好，细、匀、净，色鲜活	色泽依茶类不同，色彩鲜艳	嫩香,嫩栗香，清高，花香	鲜醇爽口，醇厚甘爽，醇厚鲜爽，口感细腻	—
粉茶	乙	80~99	嫩度较好，细、匀、净，色较鲜活	色泽依茶类不同，色彩尚鲜艳	清香，尚高，栗香	浓厚，尚醇厚，口感较细腻	—
	丙	70~79	嫩度稍低，细、较匀净，色尚鲜活	色泽依茶类不同，色彩较差	尚纯，熟，老火，青气	尚醇，浓涩，青涩，有粗糙感	—

③分数的确定。每个评茶员所评的分数相加的总和除以参加评分的人数所得的分数；当独立评分评茶员人数达5人以上时，可在评分的结果中去除一个最高分和一个最低分，其余的分数相加的总和除以其人数所得的分数。

④结果计算。将单项因子的得分与该因子的评分系数相乘，并将各个乘积值相加，即为该茶样审评的总得分。计算式如下

$$Y = A \times a + B \times b + \cdots + E \times e$$

式中：Y——，茶叶审评总得分；

$A, B, \cdots, E$——表示各品质因子的审评得分；

$a, b, \cdots, e$——表示各品质因子的评分系数（表5-5）。

表5-5 各茶类审评因子评分系数

茶类	外形（a）	汤色（b）	香气（c）	滋味（d）	叶底（e）
绿茶	25	10	25	30	10
工夫红茶（小种红茶）	25	10	25	30	10
（红）碎茶	20	10	30	30	10
乌龙茶	20	5	30	35	10
黑茶（散茶）	20	15	25	30	10
紧压茶	20	10	30	35	5
白茶	25	10	25	30	10
黄茶	25	10	25	30	10
花茶	20	5	35	30	10
袋泡茶	10	20	30	30	10
粉茶	10	20	35	35	0

【思考题】

（1）茶叶色香味形的化学本质是什么？

（2）进行茶叶感官审评时，对周围环境有什么要求？

实验5-3 乳制品感官分析

【实验目的】

掌握乳制品感官分析的具体方法与操作步骤，熟悉中国乳制品工业行业规范。

【实验原理】

牛乳主要由水、蛋白质、脂肪、乳糖和矿物质（无机盐类）及微量的其他物质（如磷酸、维生素、酯、色素）组成。水分占89.5%；总固形物占10.5%~14.5%，其中蛋白质占2.7%~5.0%，脂肪占2.6%~6.0%，乳糖占3.6%~5.6%，矿物质占0.6%~0.9%。在物理性质方面，牛乳的色泽应是乳白色或稍带微黄色，黄色的深浅与乳脂中的胡萝卜素、叶黄素含量有关。牛乳应具有其固有的纯正香味，无其他异味。组织状态呈均匀的流体，无沉淀、无凝块、无机械杂质、无黏稠和浓厚现象。鲜乳的平均质量浓度约为 1.03 g/mL，与乳中成分有关（如非脂固形物含量、脂肪含量）。牛乳的冰点（凝固点）为 −0.525~0.565 ℃，与乳糖和盐含量有关，一般加 1% 水，冰点上升 0.005 4 ℃。牛乳的正常 pH 为 6.3~6.9。

乳及乳制品感官测定，主要是根据中国乳制品工业行业规范，观其色泽和组织状态、嗅其气味和尝其滋味。看色泽是否正常、质地是否均匀细腻、滋味是否纯正以及是否具有乳香味等，同时应留意杂质、沉淀、异味等方面，并根据行业规范进行评分分析。

【器材】

透明容器、乳制品（不同类型、不同品牌）。

【实验步骤】

（1）色泽。取适量样品于 50 mL 透明容器中，全脂巴氏杀菌乳可置于自然光下观察色泽，酸牛乳则需在灯光下观察色泽。

（2）滋味和气味。先闻气味，然后用温开水漱口，再品尝样品的滋味，如多次品尝应每次用温开水漱口。

（3）组织状态。取适量试样于 50 mL 透明容器中，在灯光下观察其组织状态。

（4）评鉴要求。按百分制评定，其中各项评分标准见表5-6、表5-7。

表5-6　全脂巴氏杀菌乳感官质量评分标准[1]

项　目	特　征	得　分
滋味和气味（60分）	具有全脂巴氏杀菌乳的纯香味，无其他异味	60
	具有全脂巴氏杀菌乳的纯香味，稍淡，无其他异味	59~55
	具有全脂巴氏杀菌乳固有的香味，且此香味延展至口腔的其他部位或舌部，难以感觉到牛乳的醇香，或具有蒸煮味	56~53
	有轻微饲料味	54~51
	滋味、气味平淡，无乳香味	52~49
	有不清洁或不新鲜滋味和气味	50~47
	有其他异味	48~45

[1] 孙雪姣.不同贮藏温度对巴氏杀菌乳品质和微生物的影响[D].沈阳:沈阳农业大学文,2018.

续 表

项目	特 征	得 分
组织状态 （30分）	呈均匀的流体。无沉淀，无凝块，无机械杂质，无黏稠和浓厚现象，无脂肪上浮现象	30
	有少量脂肪上浮现象外基本呈均匀的流体。无沉淀，无凝块，无机械杂质，无黏稠和浓厚现象	29~27
	有少量沉淀或严重脂肪分离	26~20
	有黏稠和浓厚现象	20~10
	有凝块或分层现象	10~0
色泽 （10分）	呈均匀一致的乳白色或稍带微黄色	10
	均匀一色，但显黄褐色	8~5
	色泽不正常	5~0

表5-7 酸牛乳感官质量评分标准[1]

项目	特 征 纯酸牛奶、原味酸牛奶、果料酸牛奶		得 分
	凝固型	搅拌型	
色泽 （10分）	呈均匀乳白色、微黄色或果料固有的颜色		10~8
	淡黄色		8~6
	浅灰色或灰白色		6~4
	绿色、黑色斑点或有霉菌生长、异常颜色		4~0
滋味和气味 （40分）	具有酸牛乳固有滋味和气味，相应的果料味，酸味和甜味比例适当		40~35
	过酸或过甜		35~20
	有涩味		20~10
	有苦味		10~5
	异常滋味或气味		5~0

[1] RHB 101-2004 巴氏杀菌乳感官质量评鉴细则

续 表

项 目	特 征 纯酸牛奶、原味酸牛奶、果料酸牛奶		得 分
	凝固型	搅拌型	
组织状态 （50分）	组织细腻、均匀、表面光滑、无裂纹、无气泡、无乳清析出	组织细腻、凝块细小均匀滑爽、无气泡、无乳清析出	50~40
	组织细腻、均匀、表面光滑、无气泡、有少量乳清析出	组织细腻、凝块大小不均、无气泡、有少量乳清析出	40~30
	组织粗糙、有裂纹、无气泡、有少量乳清析出	组织粗糙、不均匀、无气泡、有少量乳清析出	30~20
	组织粗糙、有裂纹、有气泡、乳清析出	组织粗糙、不均匀、有气泡、乳清析出	20~10
	组织粗糙、有裂纹、有大量气泡、乳清析出严重、有颗粒	组织粗糙、不均匀、有大量气泡、乳清析出严重、有颗粒	10~0

【计算】

（1）得分。采用总分 100 分制，即最高分为 100 分。单项最高得分不能超过单项规定的分数，最低是 0 分。

（2）总分。在全部总得分中去掉一个最高分和一个最低分，按下列公式计算，结果取整

$$总分 = \frac{剩余的总得分之和}{全部评鉴员数 - 2}$$

（3）单项得分。在全部单项得分中去掉一个最高分和一个最低分，按下列公式计算，结果取整

$$单项得分 = \frac{剩余的总得分之和}{全部评鉴员数 - 2}$$

（4）用方差分析法分析样品间的差异或根据 F 检验结果来判定样品间的差异性，或用方差分析法分析品评员之间的差异。

【思考题】

（1）对乳品进行感官分析时，可采用哪些检验法？

（2）感官分析时应注意的事项有哪些？对品评员有什么要求？

实验 5-4　禽蛋感官分析

【实验目的】

掌握新鲜蛋的感官分析方法和判定标准。

【实验原理】

衡量鲜蛋品质的主要标准是其新鲜程度和完整性。需全面客观分析蛋壳、气室、蛋白、系带、蛋黄、胚胎等情况来确定鲜蛋的质量标准。禽蛋的鉴别主要靠技术经验来判断，采用看、听、摸、嗅等方法，从外观来鉴定蛋的质量。外部主要通过外观检查法检验，内部特征主要通过开蛋检查法和透视检查法检查。其具体的感官要求及鲜蛋的分级要求见表 5-8、表 5-9。

表5-8　鲜蛋感官要求

项目	要求	检验方法
色泽	灯光透视时整个蛋呈微红色；去壳后蛋黄呈橘黄色至橙色，蛋白澄清，透明，无其他异常颜色	取带壳鲜蛋在灯光下透视观察，去壳后置于白色瓷盘中
气味	蛋液具有固有的蛋腥味，无异味	
状态	蛋壳清洁完整，无裂纹，无霉斑，灯光透视时蛋内无黑点及异物；去壳后蛋黄凸起完整并带有韧性，蛋白稀稠分明，无正常视力可见外来异物	在自然光下观察色泽和状态，闻其气味

表5-9　鲜鸡蛋和鲜鸭蛋的品质分级要求

项目	指标 AA级	A级	B级
蛋壳	清洁、完整，呈规则卵圆形，具有蛋壳固有的色泽，表面无肉眼可见污物		
蛋白	黏稠、透明，浓蛋白清晰可辨	较黏稠、透明，浓蛋白、稀蛋白清晰可见	较黏稠、透明
蛋黄	居中，轮廓清晰，胚胎未发育	居中或稍偏，轮廓清晰，胚胎未发育	居中或稍偏，轮廓较清晰，胚胎未发育
异物	蛋内容物中无血斑、肉斑等异物		
哈夫单位	≥ 72	≥ 60	≥ 55

【器材】

鸡蛋、照蛋器、气室测量器、玻璃平皿等。

【实验步骤】

1. 外观检查法

逐个地拿出待检蛋，先仔细观察其形态、大小、色泽、蛋壳的完整性和清洁度等情况，然后仔细观察蛋壳表面是否粗糙，有无裂痕和破损等，掂量蛋的轻重，把蛋放在手掌心上翻转等，必要时用拇指、食指和中指捏住鸡蛋摇晃，或把蛋握在手中使其互相碰撞以听其声响，最后用嘴向蛋壳上轻轻哈一口热气，嗅检蛋壳表面有无异常气味。

2. 透视检查法

在暗室中，用手握住蛋体紧贴在照蛋器的光线洞口上，前后左右上下来回轻轻转动，靠光线的帮助可看到蛋清、胚盘的状态，气室的大小和移动情况，以及蛋内有无污斑、黑点和异物等存在。

3. 气室测量

用特制的气室测量器测量加以计算来完成，气室测量器一般为透明胶板制成，上有平行的刻度线，每线间距为1 mm。最好将其装置在照蛋器的照蛋孔之前，以使在照蛋的同时，就可以进行测量，否则就需在照见气室时用铅笔描出气室的范围后，再用气室测量器进行测量。测量气室的具体方法是将蛋的大端向上，垂直与气室测量器接近，检蛋者的视线与蛋顶点取平，并使蛋的顶点与气室测量器上的零线重合。然后读取梭性气室左右两端落在标尺刻度线上的刻度读数（即气室左、右边的高度）。

$$气室测定规尺气室的高度 = \frac{气室左边的高度 + 气室右边的高度}{2}$$

4. 开蛋检查法

打开鲜蛋，将其内容物置于玻璃平皿或瓷碟上，观察蛋黄与蛋清的颜色、稠度、性状，有无血液，胚胎是否发育，有无异味等，并测定哈夫单位。

哈夫单位的测定。鸡蛋称量后，摊在平面上，用适当的测量工具（毫米为单位）立即测量环绕在蛋黄周围的蛋白厚度，鸡蛋厚度与鸡蛋质量共同组成哈夫单位，按下式计算

$$哈夫单位 = 100 \times lg(H + 7.57 - 1.7W \times 0.37)$$

式中：H——测量蛋品摊在平台上的蛋白高度，mm；

W——测量蛋品整蛋的质量，g。

【评鉴要求】

检验结果，若有一项指标不合格，允许在原批次产品中加倍抽取样品复检不合格项目，检验结果若仍不合格，则判定该批次产品不合格。

第六章 农产品理化指标分析

第一节 农产品物理特性分析

实验 6-1 大米的物理特性分析

【实验目的】

了解大米的物理特性,掌握大米的物理特性分析方法。

【实验原理】

大米是稻谷经清理、袭谷、碾米、成品整理等工序后制成的成品。在我国,大米是一种很受欢迎的主食之一。大米分籼米、粳米和糯米三类,籼米由籼型非糯性稻谷制成,米粒一般呈长椭圆形或细长形。大米除了为人体提供糖类、蛋白质、脂肪及膳食纤维等主要营养成分外,还为人体提供大量必需的微量元素。不同的大米具有不同的品质,主要是由于大米本身所含的化学成分和大米的物理特性的不同引起的。本实验主要对大米的物理特性进行分析。

在我国大米国家质量标准 GB/T 1354—2018 中有关物理特性相关指标有大米的色泽、气味、碎米率、小碎米率、互混、不完善率、黄粒米率、垩白度、杂质及加工精度等。其中大米加工精度测定利用米粒皮层、胚与胚乳对伊红 Y- 亚甲基蓝染色基团分子的亲和力不同,米粒皮层、胚与胚乳分别呈现蓝绿色和紫红色,然后可采用对比观测法、仪器辅助检测法或仪器检测法进行判定。

【器材与试剂】

1. 器材

大米外观品质检测仪、天平、谷物选筛、电动筛选器、分样器或分样板、分析盘、镊子、测量板、直尺等。

2. 试剂

伊红 Y、亚甲基蓝、无水乙醇、去离子水。

（1）体积分数为 80% 的乙醇溶液。

（2）染色原液。称取伊红 Y、亚甲基蓝各 1.0 g，分别置于 500 mL 具塞三角瓶中，然后向瓶中分别加入 500 mL 体积分数为 80% 的乙醇溶液，并在磁力搅拌器上密闭加热搅拌 30 min 至全部溶解，然后按实际用量将伊红 Y 和亚甲基蓝液按 1∶1 比例混合，置于具塞三角瓶中密闭搅拌数分钟，充分混匀，配制成伊红 Y–亚甲基蓝染色原液。室温、密封、避光保存于试剂瓶中备用。

（3）染色剂。量取适量的染色原液与体积分数为 80% 的乙醇溶液按照 1∶1 比例稀释，配制成伊红 Y–亚甲基蓝染色剂。室温、密封、避光保存于试剂瓶中备用。

（4）大米加工精度标准样品。符合 LS/T 15121、LS/T 15122、LS/T 15123 规定。

【实验步骤】

1. 平均长度的测定

从试样中随机数取完好米粒 10 粒，平放于黑色背景的平板上，按头对头、尾对尾，不重叠、不留空隙的方式，紧靠直尺排成一行，读出总长度。双试验误差不超过 0.5 mm，求其平均值，再除以 10 即为大米的平均长度。

2. 糠粉、矿物质、杂质的总量分析

（1）糠粉分析。从平均样品中称 200 g，分两次放入（直径 1.0 mm）圆孔筛内，盖上筛盖，安装于筛选器上进行自动筛选，向左向右各筛 1 min（110~120 r/min），或将安装好的谷物选筛置于玻璃板或光滑的桌面上，用双手以约 100 r/min 的速度，顺时针及逆时针方向各转动 1 min，控制转动范围在选筛直径的基础上扩大 8~10 cm。筛后轻拍筛子使糠粉落入筛底。全部试样筛完后，刷下留存在筛层上的糠粉，合并称量，精确至 0.01 g，计算出质量分数。双试验结果允许差应不超过 0.04%，取其平均数即为检验结果，检验结果保留小数点后两位。

（2）矿物质分析。从检验过糠粉的试样中拣出矿物质称重，计算出矿物质的质量分数。双试验结果允许差应不超过 0.005%，取其平均数即为检验结果，检验结果保留小数点后两位。

（3）其他杂质分析。在拣出矿物质的同时拣出其他杂质称重，计算出其他杂质的质量分数。双试验结果允许差应不超过0.04%，取其平均数即为检验结果，检验结果保留小数点后两位。

（4）大米杂质总量计算。

$$杂质总量（\%）= A + B + C$$

式中：A——糠粉质量分数；

B——矿物质质量分数；

C——其他杂质质量分数。

3. 碎米的分析

（1）小碎米的分析。以四分法取除去杂质的样品10 g，精确至0.01 g。由上至下将2.0 mm、1.0 mm筛和筛底套装好，再将试样置于直径2.0 mm圆孔筛内，盖上筛盖，安装于筛选器上进行自动筛选，或将安装好的谷物选筛置于光滑平面上，用双手以100 r/min左右的速度，顺时针及逆时针方向各转动1 min，控制转动范围在选筛直径的基础上扩大8~10 cm。将选筛静置片刻，收集留存在1.0 mm圆孔筛上的碎米和卡在筛孔中的米粒，称量，精确至0.01 g，计算其质量分数。

（2）大米碎米的分析。将检验小碎米后留存于2.0 mm圆孔筛上及卡在筛孔中的米粒倒入碎米分离器，根据粒型调整碎米斗的倾斜角度，使分离效果最佳，分离2 min。将初步分离出的整米和碎米分别倒入分析盘中，用木棒轻轻敲击分离筒，将残留在分离筒中的米粒并入碎米中，拣出碎米中不小于整米平均长度3/4的米粒并入整米，拣出整米中小于整米平均长度3/4的米粒并入碎米，将分离出的碎米与检出的小碎米合并称量，精确至0.01 g。

如无碎米分离器，则将2.0 mm圆孔筛上的米粒连同卡在筛孔中的米粒倒入分析盘，手工拣出小于整米平均长度3/4的米粒，与检出的小碎米合并称量，精确至0.01 g，计算其质量分数。

双试验结果允许差应不超过0.5%，取其平均数即为检验结果，检验结果保留小数点后一位。

4. 黄粒米的分析

分取大米试样50 g或在检验碎米的同时，按规定拣出黄粒米（小碎米中不检验黄粒米），称重，计算黄粒米的质量分数。双试验结果允许差不超过0.3%，求其平均数，即为检验结果，检验结果取小数点后第一位。

5. 互混分析

分取大米试样50 g，按质量标准有关规定，拣出混入异类的粮粒，称重。计算互混的质量分数。双试验结果允许差不超过1.0%，求其平均数，即为检验结果，检验结果取小数点后第一位。

6.不完善粒的分析

取试样50 g，精确至0.01 g，将试样倒入分析盘内，拣出不完善粒并称量，精确至0.01 g，计算不完善粒质量分数。不完善粒包括未成熟粒、虫蚀粒、病斑粒、生霉粒、糙米粒。

7.垩白度的测定

从试样中随机数取完整米粒100粒，拣出有垩白的米粒，再从拣出的垩白米粒中随机取10粒（不足粒者按实有粒数取），将垩白米粒平放，正视观察，逐粒目测垩白投影面积占完整米粒投影面积的百分率，并计算其平均值，即为垩白米粒垩白大小的数值（%）。重复一次，两次测定结果取其平均值。

$$D = W \times \frac{n_1}{n}$$

式中：D——垩白度，%；

W——垩白大小，%；

n_1——试样中垩白米粒粒数；

n——试样粒数。

8.大米加工精度分析

（1）染色。从试样中分取约12 g整精米，放入直径90 mm蒸发皿或培养皿内，加入适量去离子水，浸没样品1 min，洗去糠粉，倒净清水。清洗后试样立即加入适量染色剂浸没样品，摇匀后静置2 min，然后将染色剂倒净。染色后试样立即加入适量体积分数为80%乙的醇溶液，完全淹没米粒，摇匀后静置1 min，然后倒净液体；再用体积分数为80%的乙醇溶液不间断的漂洗3次。[注意事项：染色剂使用前确认是否有沉淀，如果有，则加热使其完全溶解。染色环境温度控制在（25±5）℃，染色过程中加入试剂或漂洗剂后均先轻轻晃动培养皿数下，确保全部米粒分散开。]

漂洗后立即用滤纸吸干试样中的水分，自然晾干到表面无水渍。皮层和胚部分为蓝绿色，胚乳部分为紫红色。如果不能及时检测，可将试样晾干后装入密封袋常温保存，保存时间不超过24 h。

（2）分析。对比观测法：将经染色后的大米试样与染色后的大米加工精度标准样品分别置于白色样品盘中，用放大镜观察，对照标准样品检验试样的留皮度。

仪器辅助分析法：按仪器说明书安装调试好仪器，分别将约12 g经染色晾干的大米试样与同批染色剂染色晾干的大米加工精度标准样品放入大米外观品质检测仪的扫描底板中，检测被测样品与标准样品的留皮度，根据大米样品与标准样品留皮度的差异，人工判定试样的加工精度与标准样品精度的符合程度。

仪器分析法：按仪器说明书安装、调试好仪器，并按说明书的要求，将染色晾干后的大米试样，置于大米外观品质检测仪的扫描底板中轻微晃动致米粒平摊散开而不重叠，然后进行图像采集，仪器自动分析计算，得到大米样品留皮度，并根据 GB/T 1354—2018 规定的加工精度等级定义，用仪器自动判定大米的加工精度等级。

（3）结果表述：根据 GB/T 1354—2018 中的术语和定义的规定，加工度表述为精碾、适碾等。

9. 大米的色泽、气味分析

在黑纸上摊放一层样品，在散光下仔细观察其色泽。取少许放于手掌，用哈气提高其温度，嗅其气味。放在 60~70 ℃的温水中，盖上盖 2~3 min 后闻其气味。

【实验结果】

实验结果用表 6-1 记录。

表6-1 大米分析结果

项目	籼米	粳米	籼糯米	粳糯米
形态				
色泽				
气味				
杂质总量 /%				
碎米率 /%				
小碎米率 /%				
平均长度 /mm				
垩白度 /%				
不完善粒 /%				
黄粒米质量分数 /%				
互混率 /%				

【思考题】

（1）大米物理特性分析的意义是什么？

（2）影响大米质量的因素有哪些？其质量如何控制？

实验6-2 果蔬物理品质分析

【实验目的】

了解果蔬物理品质测定内容，学习果蔬物理品质鉴定方法，掌握果蔬物理品质评价标准。

【实验原理】

果蔬物理品质的测定是用一些物理的方法来表示果蔬的质量、形状、大小、色泽、硬度等物理性状，这些可以反映其组织内部生理生化的变化。物理性状的测定是进行化学测定和品质分析的基础，是确定采收成熟度、识别品种特性、进行产品标准化的必要措施。

【仪器与材料】

1. 仪器

卡尺、托盘天平、比色卡片、榨汁器、果实硬度计、排水筒、量筒、菜板、菜刀等。

2. 材料

苹果、梨、番茄。

【实验步骤】

1. 单果重

取果实10个，分别放在托盘台秤上称重，记载单果重，并求出其平均果重（g）。

2. 果实的形状和大小

取果实10个，用卡尺测量果实的横径、纵径（cm），分别求果形指数（即纵径/横径），以了解果实的形状和大小。

3. 果面特征

取被测果实，观察记载果实的果皮粗细、底色和面色状态。果实的底色可分为深绿、绿、淡绿、绿黄、浅黄、黄、乳白等，也可用特制的颜色卡片进行比较，分成若干级。果实因种类不同，显出的面色也不同，如紫、红、粉红等，记载颜色的种类和深浅及占果实表面积的百分数。

4. 果实的果肉（果汁）含量

取果实 10 个，除去果皮、果心、果核和种子，分别称各部分的质量，以求果肉（或可食部分）的百分率。汁液多的果实，可将果汁榨出（称果汁质量，求该果实的出汁率）。

5. 果实硬度

果实的硬度是指果肉抗压力的强弱，以每平方厘米面积上承受压力的千克数（kg/m^2）或磅数表示。果肉抗压力愈强，果实的硬度就愈大，也耐贮藏；反之，抗压力弱果实的硬度就愈小。果实硬度大小是衡量果实本身特性和贮藏过程中及结束贮藏时果实品质好坏的重要指标之一。

测定果实硬度可用果实硬度计，有长筒式（称泰勒式标准硬度计）和圆盘式两种。

测定方法：预先在果实对应两直的最大横径处（果实腰部）薄薄削去一层皮（略比测头大一些），用一手握果实，并以活塞垂直指向削去表皮的部分，另一手握住硬度计，施加压力直至测头顶端部分压入果肉时为止，即可在标尺上读出游标所指的千克数或磅数。

6. 果实相对密度

果实相对密度是衡量各种果实质量的重要指标之一。可以采用排水法求相对密度。

在托盘天平上称果实质量，将排水筒装满水，多余水由溢水孔流出，至不再滴水为止。置一个量筒于溢水孔下面，把果实轻轻放入排水筒的水中，此时，溢水孔流出的水盛于量筒内，再用细铁丝将果实全部没入水中，待溢水孔水滴滴尽，测量记载果实的排水量，即果实体积。用下式计算出果实的相对密度

$$果实相对密度 = \frac{果实质量}{果实体积}$$

7. 果蔬的体积质量（容重）

果蔬的体积质量是指正常装载条件下单位体积的空间所容纳的果蔬质量，常用 kg/m^3 或 t/m^3 表示。体积质量与果蔬的包装、储藏和运输的关系十分密切。可选用一定体积的包装容器，或特制一定体积的容器，装满一种果实或蔬菜。然后取出，称取质量，计算出该品种的果蔬的体积质量。由于存在装载密实程度的误差，应多次重复测定，取平均值。

【思考题】

（1）比较3种果蔬的硬度，说明了什么？

（2）测量硬度时为什么要去皮？为什么要采用同一部位？

第二节　农产品中水分和矿物质含量的测定

实验6-3　粮食水分的测定

粮食中都含有一定量的水分，这些水分可维持粮食种子正常生命活动和保持其固有良种品质和食用品质。但当含水量过高时，粮食种子呼吸作用过强，将加速粮食中营养成分的分解，容易引起粮食发热、霉变、生虫；当粮食水分含量过低时，又会影响其加工出品率和产品质量。因此，粮食的水分含量是评价粮食品质的重要指标，是粮食检测的基本项目。粮食水分的检测方法很多，本实验介绍直接干燥法、电容式快速水分测定法、红外线加热式水分测定法。

【实验目的】

了解粮食水分的测定原理，初步掌握粮食水分常用的测定方法。

Ⅰ　直接干燥法

【实验原理】

根据水分的物理性质，在101.3 kPa，温度为101~105 ℃下液态水会变成气态，以水蒸气的形式挥发出来，从而减小样品的质量。当粮食中的吸湿水、部分结晶水和该条件下挥发的物质全部挥发出来时，即达到恒重。试样烘干的前后质量差即为水分的质量。

【器材】

电热恒温箱、分析天平、铝盒、干燥器、磨口广口瓶等。

【实验步骤】

1. 样品制备

从平均样品中分取一定量的样品，混合均匀，容易研磨的样品迅速磨细至小于 2 mm 的颗粒，不易研磨的样品应尽可能切碎。

2. 试样称量

用分析天平称取 2~10 g 试样，装入洁净干燥的铝盒中，加盖，精密称量，记录数据。

3. 烘干试样并称重

将铝盒盖套在盒底上，放入电热恒温箱中，在 105 ℃ 温度下烘 2~4 h 后，盖好铝盒盖，取出，放入干燥器内冷却 0.5 h 后称量；称量后再将装有试样的铝盒放入 105 ℃ 干燥箱中干燥 1 h 左右，取出后放入干燥器内冷却 0.5 h，再称量。按上述方法重复操作至前后两次质量差不超过 2 mg。

【计算】

（1）计算试样中含水量

$$w = \frac{m_1 - m_2}{m_1 - m_0} \times 100\%$$

式中：w——试样中水分的含量；

m_1——烘前试样和铝盒质量，g；

m_2——烘后试样和铝盒质量，g；

m_0——铝盒质量，g。

（2）双试验结果允许差不超过 0.2%，求其平均数，即为测定结果。测定结果取小数点后一位。

Ⅱ 电容式快速水分测定法

【实验原理】

物质都有一定的介电常数。粮食中水的介电常数很大，在 80 左右，而淀粉等物质的介电常数较小，一般在 2.5~3.0。样品中含水量在 10%~20%，是引起介电常数变化的主要原因。水分越高，介电常数越大，电容值越高，电容式水分测定仪

就是通过测定与样品中水分变化相对应的电容的变化来测定粮食水分的。❶

【材料与仪器】

（1）材料。不同品种的小麦籽粒。
（2）仪器。LDS-1H电脑水分测定仪（图6-1）。

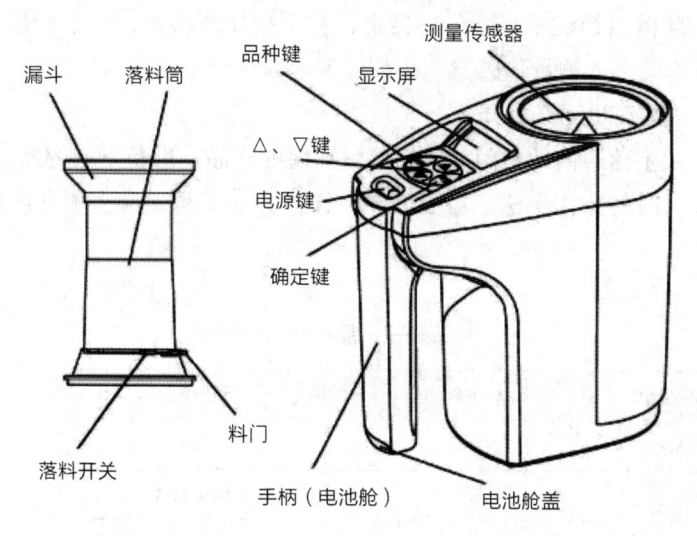

图6-1 LDS-1H电脑水分测定仪

【实验步骤】

1. 使用准备

（1）在仪器的手柄（电池舱）内，装入4节5号电池，仪器平放，将漏斗套在落料筒上。
（2）备好待测样品，进行初步筛选去掉杂质，并与仪器达到温度平衡。
（3）查表选择品种代号，见表6-2。

---

❶ 刘强,汪福友,吕秉霖. LDS-1H电脑水分测定仪测定玉米水分应用与分析[J].粮食流通技术，2011（6）:32-33.

2. 水分测量

（1）打开电源开关，仪器自检后显示品种号。

（2）按"△"或"▽"键选择测量品种代号。（提示：按一次"确定"键或测量一次后，仪器将保存当前选择的品种号）

（3）将测量样品放入落料筒至漏斗下沿口待用。

（4）将落料筒放于仪器传感器上，左手扶住落料筒，右手轻按落数开关，使样品全部均匀落入测量传感器，小数点闪动数次后显示的数字即水分值。（无须按任何键，落料筒也不必拿开）

（5）关上落料筒的料门，倒出传感器内的样品，准备下次的测量。（提示：注意样品放入时的操作手法。对于大颗粒样品，如玉米，应多测几次取其平均值以减少误差）

表6-2　品种代号对照表

品种名称	品种代号	品种名称	品种代号
粳谷	P1	菜粕	P11
大豆	P2	颗粒饲料	P12
小麦	P3	油葵籽	P13
油菜籽	P4	西瓜籽（大）	P14
玉米	P5	西瓜籽（小）	P15
大麦	P6	萝卜籽	P16
籼谷	P7	黑芝麻	P17
大米	P8	黄芝麻	P18
豆粕	P9	棉籽	P19
花生	P10	棉粕	P20

3. 误差修正

由于地域和品种差异，仪器出厂时预先定标的参数有局限性，测量当地品种时可能出现误差，可按以下方法修正水分值，以保证精度。

（1）确定修正值。一般应以105 ℃标准烘箱法为标准，与测量值相减，即为修正值。譬如测量出的水分值为13.6%，而需要显示的实际水分为14.0%，则该品种应调高0.4，修正值即为0.4，反之则为负数。

（2）进入修正状态。倒出仪器中的样品，按住"品种"键不放，听到蜂鸣声后松开，此刻，显示屏闪烁，左下角红色指示灯点亮，显示数为默认的出厂修正值"0.0"，表示仪器已进入修正状态。

（3）修正。按"△"键将修正值提高0.4，然后按"确定"键保存，仪器将闪烁确认修正完成，按"品种"键或关机退出修正状态。

4. 定标

如需要增加测量的品种或者制备标准样品，可按以下方法自行对仪器进行定标，步骤如下。

（1）制备标准样品。用105 ℃标准烘箱法制备高、中、低三个标准样品（若实际测量水分范围不超过6%，仅需高、低两个标准样品即可）。为具有代表性和准确性，高、低标准样品的水分必须在实际水分范围内的两端，各档之间以3%~6%的差距为宜。（如小麦，水分分别为18%、14%、10%）

（2）进入定标状态。倒出仪器中的样品，按住"确定"键不放，听到蜂鸣声后松开，此刻，显示屏闪烁，左下角红色指示灯点亮，显示品种代号，表示仪器已进入定标状态。

（3）选定品种代号。按"△"或"▽"键选择品种代号。

（4）注意定标顺序。定标时应按照先低水分，再高水分，最后定中间水分的顺序进行。

（5）标定低水分。取低水分的标样放入传感器，等待仪器显示测量结果，将测量结果（如显示为11%）修改为标准值（如10%），然后按住"确认"键直至数字开始闪烁后松开，一点定标完成。（注：一点定标也可作为修正误差的方法）

（6）标定高水分。倒出样品，不要关机，再取高水分标准样品放入传感器，等待仪器显示测量结果，将测量结果（如显示为17%）修改到标准值（如18%），然后按住"确认"键直至数字开始闪烁后松开，二点定标已经完成。

（7）复测标样。复测标准样品，测量误差均小于等于0.5%，即表示定标成功，关机退出定标状态，如误差过大，则需重新定标。

（8）标定第三点。如果高低标准样品的差距较大（超过6个百分点），可用中间水分进行第三点定标，方法与定低（或高）水分标样时相同。

注：在完成三点定标后，仪器将自动退出定标状态，进入测量状态。

Ⅲ 红外线快速水分测定法

【实验原理】

红外线（Infrared）是波长介于微波与可见光之间的电磁波，在传播过程中，当遇到物体时，一部分被其表面反射，一部分进入物体内部或被物体吸收，或穿过物体继续前进。水对红外线有强烈的吸收作用，水吸收红外线后，内部分子运动加剧，能量提高，从而使物体温度升高，达到迅速加热干燥的目的。红外线快速水分测定法就是利用红外线辐射待测样品，让红外加热单元和水分蒸发通道快速干燥样品。在此过程中，水分仪持续测量并即时显示样品丢失的水分含量，干燥程序完成后，最终测定的水分含量值被锁定显示在屏幕上，即是待测样品的含水量。红外线水分测定仪有多种型号，主要是在称量传感器单元的结构基础上溶入红外线加热单元组成。

【仪器】

IR35 丹佛快速水分测定仪。

【实验步骤】

（1）开面预热。
（2）设定加热温度和加热时间参数。通常使用预先测得结果与直接干燥法测得结果一致的测定条件。
（3）打开上盖，用镊子将样品盘放在样品盘支架上。
（4）按"TARE"键去皮，确认。
（5）称取约5 g的样品均匀铺放在样品盘上。
（6）合上上盖。
（7）待分析测定完读取数据。

【思考题】

（1）粮食水分含量测定的三种方法各有什么优缺点？
（2）在实验操作中三种方法各应注意的事项或环节是什么？

实验 6-4　乳及乳制品中钙的测定

【实验目的】

掌握火焰原子吸收光谱法和 EDTA（乙二胺四乙酸二钠）滴定法测定乳及乳制品中钙的原理及操作方法。

Ⅰ 火焰原子吸收光谱法

【实验原理】

试样经消解处理后，加入镧溶液作为释放剂，经原子吸收火焰原子化，在 422.7 nm 处测定的吸光度值在一定浓度范围内与钙含量成正比，与标准系列比较定量。

【器材与试剂】

1. 器材

分析天平、可调式电热炉、可调式电热板、恒温干燥箱、马弗炉。

原子吸收光谱仪：配火焰原子化器，钙空心阴极灯。

微波消解系统：配聚四氟乙烯消解内罐。

压力消解罐：配聚四氟乙烯消解内罐。

2. 试剂其及配制

硝酸、高氯酸、盐酸、氧化镧、碳酸钙（纯度 >99.99%）。

（1）硝酸溶液（5+95）。量取 50 mL 硝酸，加入 950 mL 水，混匀。

（2）硝酸溶液（1+1）。量取 500 mL 硝酸，与 500 mL 水，混匀。

（3）盐酸溶液（1+1）。量取 500 mL 盐酸，与 500 mL 水，混匀。

（4）镧溶液（20g/L）。称取 23.45 g 氧化镧，先用少量水湿润后再加入 75 mL 盐酸溶液（1+1）溶解，转入 1 000 mL 容量瓶中，加水定容至刻度，混匀。

（5）钙标准储备液（1 000 mg/L）。准确称取 2.496 3 g 碳酸钙，加盐酸溶液（1+1）溶解，移入 1 000 mL 容量瓶中，加水定容至刻度，混匀。

（6）钙标准中间液（100 mg/L）。准确吸取钙标准储备液（1 000 mg/L）10 mL 于 100 mL 容量瓶中，加硝酸溶液（5+95）至刻度，混匀。

（7）钙标准系列溶液。分别吸取钙标准中间液（100 mg/L）0、0.50 mL、

1.00 mL、2.00 mL、4.00 mL、6.00 mL 于 100 mL 容量瓶中，另在各容量瓶中加入 5 mL 镧溶液（20 g/L），最后加硝酸溶液（5+95）定容至刻度，混匀。此钙标准系列溶液中钙的质量浓度分别为 0、0.50 mg/L、1.00 mg/L、2.00 mg/L、4.00 mg/L 和 6.00 mg/L。

【实验步骤】

1. 试样消解

（1）湿法消解。准确称取固体试样 0.200~3.000 g（精确至 0.001 g）或准确移取液体试样 0.500~5.000 mL 于带刻度消化管中，加入 10 mL 硝酸、0.5 mL 高氯酸，在可调式电热炉上消解（参考条件：120 ℃ 0.5~1 h，升至 180 ℃ 2~4 h，再升至 200~220 ℃）。若消化液呈棕褐色，再加硝酸，消解至冒白烟，消化液呈无色透明或略带黄色。取出消化管，冷却后用水定容至 25 mL，再根据实际测定需要稀释，并在稀释液中加入一定体积的镧溶液（20 g/L），使其在最终稀释液中的质量浓度为 1 g/L，混匀备用，此为试样待测液。同时做试剂空白实验。亦可采用锥形瓶，于可调式电热板上，按上述操作方法进行湿法消解。

（2）微波消解。准确称取固体试样 0.200~0.800 g（精确至 0.001 g）或准确移取液体试样 0.500~3.000 mL 于微波消解罐中，加入 5 mL 硝酸，按照微波消解的操作步骤消解试样，消解条件参考表 6-3。冷却后取出消解罐，在电热板上于 140~160 ℃ 赶酸至 1 mL 左右。消解罐放冷后，将消化液转移至 25 mL 容量瓶中，用少量水洗涤消解罐 2~3 次，合并洗涤液于容量瓶中并用水定容至刻度。根据实际测定需要稀释，并在稀释液中加入一定体积镧溶液（20 g/L）使其在最终稀释液中的质量浓度为 1 g/L，混匀备用，此为试样待测液。同时做试剂空白试验。

表6-3　微波消解升温程序参考条件

步骤	设定温度 /℃	升温时间 /min	恒温时间 /min
1	120	5	5
2	160	5	10
3	180	5	10

（3）压力罐消解。准确称取固体试样 0.200~1.000 g（精确至 0.001 g）或准确移取液体试样 0.500~5.000 mL 于消解内罐中，加入 5 mL 硝酸。盖好内盖，旋紧不锈钢外套，放入恒温干燥箱，于 140~160 ℃ 下保持 4~5 h。冷却后缓慢旋松外罐，

取出消解内罐，放在可调式电热板上于 140~160 ℃赶酸至 1 mL 左右。冷却后将消化液转移至 25 mL 容量瓶中，用少量水洗涤内罐和内盖 2~3 次，合并洗涤液于容量瓶中并用水定容至刻度，混匀备用。根据实际测定需要稀释，并在稀释液中加入一定体积的镧溶液（20 g/L），使其在最终稀释液中的质量浓度为 1 g/L，混匀备用，此为试样待测液。同时做试剂空白实验。

（4）干法灰化。准确称取固体试样 0.500~5.000 g（精确至 0.001 g）或准确移取液体试样 0.500~10.000 mL 于坩埚中，小火加热，炭化至无烟，转移至马弗炉中，于 550 ℃灰化 3~4 h。冷却，取出。对于灰化不彻底的试样，加数滴硝酸，小火加热，小心蒸干，再转入 550 ℃马弗炉中，继续灰化 1~2 h，至试样呈白灰状，冷却，取出，用适量硝酸溶液（1+1）溶解转移至刻度管中，用水定容至 25 mL。根据实际测定需要稀释，并在稀释液中加入一定体积的镧溶液，使其在最终稀释液中的质量浓度为 1 g/L，混匀备用，此为试样待测液。同时做试剂空白试验。

2. 仪器参考条件

火焰原子吸收光谱法参考条件见表 6-4。

表6-4　火焰原子吸收光谱法参考条件

元素	波长 /nm	狭缝 /nm	灯电流 /mA	燃烧头高度 mm	空气流量/（L·min⁻¹）	乙炔流量/（L·min⁻¹）
钙	422.7	1.3	5~15	3	9	2

3. 标准曲线的制作

将钙标准系列溶液按质量浓度由低到高的顺序分别导入火焰原子化器，测定吸光度值，以标准系列溶液中钙的质量浓度为横坐标，相应的吸光度值为纵坐标，制作标准曲线。

4. 试样溶液的测定

在与测定标准溶液相同的实验条件下，将空白溶液和试样待测液分别导入原子化器，测定相应的吸光度值，与标准系列比较定量。

【计算】

（1）按下式计算试样中钙的含量

$$X = \frac{(\rho - \rho_0) \times f \times V}{m}$$

式中：X——试样中钙的含量，mg/kg 或 mg/L；

m——试样质量或移取体积，（g 或 mL）；

V——试样消化液的定容体积，mL；

ρ——试样待测液中钙的质量浓度，mg/L；

ρ_0——空白溶液中钙的质量浓度，mg/L；

f——试样消化液的稀释倍数。

（2）当钙含量 ≥ 10.0 mg/kg 或 10.0 mg/L 时，计算结果保留三位有效数字；当钙含量 <10.0 mg/kg 或 10.0 mg/L 时，计算结果保留两位有效数字。

【注意事项】

（1）以称样量 0.5 g（或 0.5 mL），定容至 25 mL 计算，方法检出限为 0.5 mg/kg（或 0.5 mg/L），定量限为 1.5 mg/kg（或 1.5 mg/L）。

（2）可根据仪器的灵敏度及样品中钙的实际含量确定标准溶液系列中元素的具体浓度。

（3）所有玻璃器皿及聚四氟乙烯消解内罐均需硝酸溶液（1+5）浸泡过夜，用自来水反复冲洗，最后用水冲洗干净。

Ⅱ EDTA 滴定法

【实验原理】

在适当的 pH 范围内，钙与 EDTA 形成金属络合物。以 EDTA 滴定，在达到当量点时，溶液呈现游离指示剂的颜色。根据 EDTA 用量，计算钙的含量。

【器材与试剂】

1. 器材

分析天平、可调式电热炉、可调式电热板、马弗炉。

2. 试剂及其配制

氢氧化钾、硫化钠、枸橼酸钠、乙二胺四乙酸二钠（EDTA）、盐酸（优级纯）、钙红指示剂、硝酸（优级纯）、高氯酸（优级纯）、碳酸钙（纯度 >99.99%）。

（1）氢氧化钾溶液（1.25 mol/L）。称取 70.13 g 氢氧化钾，用水稀释至 1 000 mL，混匀。

（2）硫化钠溶液（10 g/L）。称取 1 g 硫化钠，用水稀释至 100 mL，混匀。

（3）枸橼酸钠溶液（0.05 mol/L）。称取 14.7 g 枸橼酸钠，用水稀释至 1 000 mL，混匀。

（4）EDTA 溶液。称取 4.5 g EDTA，用水稀释至 1 000 mL，混匀，贮存于聚乙烯瓶中，4 ℃保存。使用时稀释 10 倍即可。

（5）钙红指示剂。称取 0.1 g 钙红指示剂，用水稀释至 100 mL，混匀。

（6）盐酸溶液（1+1）。量取 500 mL 盐酸，与 500 mL 水混匀。

（7）钙标准储备液（100.0 mg/L）。准确称取 0.249 6 g（精确至 0.000 1 g）碳酸钙，加盐酸（1+1）溶液溶解，移入 1 000 mL 容量瓶中，加水定容至刻度，混匀。

【实验步骤】

1. 试样消解

（1）湿法消解。与火焰原子吸收光谱法相同。

（2）干法灰化。与火焰原子吸收光谱法相同。

2. 滴定度的测定

吸取 0.500 mL 钙标准储备液于试管中，加 1 滴硫化钠溶液和 0.1 mL 枸橼酸钠溶液，加 1.5 mL 氢氧化钾溶液，加 3 滴钙红指示剂，立即以稀释 10 倍的 EDTA 溶液滴定，至指示剂由紫红色变蓝色为止，记录所消耗的稀释 10 倍的 EDTA 溶液的体积。根据滴定结果计算出每毫升稀释 10 倍的 EDTA 溶液相当于钙的毫克数，即滴定度（T）。

3. 试样及空白滴定

分别吸取 0.100~1.000 mL（根据钙的含量而定）试样消化液及空白液于试管中，加 1 滴硫化钠溶液和 0.1 mL 枸橼酸钠溶液，加 1.5 mL 氢氧化钾溶液，加 3 滴钙红指示剂，立即以稀释 10 倍的 EDTA 溶液滴定，至指示剂由紫红色变蓝色为止，记录所消耗的稀释 10 倍的 EDTA 溶液的体积。

【计算】

（1）按下式计算试样中钙的含量

$$X = \frac{T \times (V_1 - V_0) \times V_2 \times 1\,000}{m \times V_3}$$

式中：X——试样中钙的含量，mg/kg 或 mg/L；

T——EDTA 滴定度，mg/mL；

V_1——滴定试样溶液时所消耗的稀释 10 倍的 EDTA 溶液的体积，mL；

V_0——滴定空白溶液时所消耗的稀释 10 倍的 EDTA 溶液的体积，mL；

V_2——试样消化液的定容体积，mL；

V_3——滴定用试样待测液的体积，mL；

1 000——换算系数;

m——试样质量或移取体积,g 或 mL。

(2)计算结果保留三位有效数字。

(3)以称样量 4 g(或 4 mL),定容至 25 mL,吸取 1.00 mL 试样消化液测定时,方法的定量限为 100 mg/kg(或 100 mg/L)。

【思考题】

(1)两种测定方法各有什么优缺点?

(2)EDTA 滴定法测定乳及乳制品时应注意哪些关键环节?

第三节　农产品中有机化合物的测定

实验 6-5　大米淀粉的测定

【实验目的】

掌握酶水解法和酸水解法测定淀粉的原理及操作方法。

Ⅰ　酶水解法

【实验原理】

淀粉不溶于冷水,也不溶于乙醇、乙醚、石油醚等有机溶剂,故可用这些溶剂淋洗、浸泡除去淀粉的水溶性糖或脂肪等杂质。试样被除去脂肪和可溶性糖后,糊化后用淀粉酶将淀粉水解成麦芽糖,再用盐酸水解成葡萄糖,测定葡萄糖换算出淀粉的含量。反应时的化学反应表达式如下

$$(C_6H_{10}O_5)_n + nH_2O \xrightarrow{\text{淀粉酶}} \frac{n}{2}C_{12}H_{22}O_{11}$$
$$\text{淀粉} \qquad\qquad\qquad \text{麦芽糖}$$

$$C_{12}H_{22}O_{11} + H_2O \xrightarrow{H^+} 2C_6H_{12}O_6$$
$$\text{麦芽糖} \qquad\qquad \text{葡萄糖}$$

【器材与试剂】

1. 器材

天平、恒温水浴锅、组织捣碎机、电炉、锥形瓶、容量瓶、滴定管等。

2. 试剂

碘、碘化钾、高峰氏淀粉酶（酶活力 ≥ 1.6 U/mg）、无水乙醇或95%乙醇、石油醚、乙醚、甲苯、三氯甲烷、盐酸（1+1）、200 g/L氢氧化钠、硫酸铜、酒石酸钾钠、亚铁氰化钾、亚甲蓝指示剂、甲基红指示剂、标准品D-无水葡萄糖纯度 ≥ 98%（HPLC）。

（1）2 g/L甲基红指示液。称取0.20 g甲基红，将甲基红用少量乙醇溶解，加蒸馏水定容至100 mL。

（2）5 g/L淀粉酶溶液。称取0.5 g高峰氏淀粉酶，加100 mL水溶解，现配现用。

（3）碱性酒石酸铜甲液。称取15 g硫酸铜及0.050 g亚甲蓝,溶于水中并定容至1 000 mL。

（4）碱性酒石酸铜乙液。称取50 g酒石酸钾钠、75 g氢氧化钠，溶于水中，再加入4 g亚铁氰化钾，溶解后，定容至1 000 mL，用橡胶塞玻璃瓶贮存。

（5）碘溶液。称取3.6 g碘化钾溶于20 mL水中，加入1.3 g碘，溶解后加水定容至100 mL。

（6）葡萄糖标准溶液。将葡萄糖置于98~100 ℃烘箱中干燥2 h至恒重，在干燥器中冷却后准确称取葡萄糖1.000 0 g（精确到0.000 1 g），加水溶解后加入5 mL盐酸，定容至1 000 mL。此溶液每毫升含有1.0 mg葡萄糖。

【实验步骤】

1. 试样制备

（1）粉碎称量。将样品磨碎过0.425 mm筛（相当于40目），称取2~5 g（精确到0.001 g）。

（2）分离脂肪和可溶性糖类物质。将称取的试样置于放有折叠慢速滤纸的漏斗内，先用50 mL石油醚或乙醚分5次洗除脂肪，再用约100 mL体积分数为85%的乙醇分次充分洗去可溶性糖类。

（3）淀粉糊化。把滤纸上的残留物转移到250 mL烧杯中，滤纸用50 mL蒸馏水洗涤，洗液并入烧杯内，将烧杯置沸水浴上加热15 min，使淀粉糊化。

（4）糖化。糊化淀粉冷至60 ℃以下，加20 mL淀粉酶溶液，在55~60 ℃保温1 h，并进行搅拌。取1滴该液加1滴碘溶液，如果不显现蓝色，说明糖化彻底。

如果反应显蓝色，则应进行再处理，再加热糊化按上述方法加淀粉酶处理，直至加碘溶液不显蓝色为止。将上述处理液加热至沸，冷却后转移到 250 mL 容量瓶中，加蒸馏水至刻度，混匀，过滤。

（5）酸水解。取 50.00 mL 续滤液，置于 250 mL 锥形瓶中，加 5 mL 盐酸（1+1），装上回流冷凝器，在沸水浴中回流 1 h，冷后加 2 滴甲基红指示液，用 200 g/L 氢氧化钠溶液中和至中性，溶液转入 100 mL 容量瓶中，加水至刻度，混匀备用。

2. 试样

（1）用标准葡萄糖溶液标定碱性酒石酸铜溶液。精密移取碱性酒石酸铜甲液及乙液各 5.00 mL，置于 150 mL 锥形瓶中，加蒸馏水 10 mL，加入玻璃珠 2 粒，从滴定管滴加约 9 mL 葡萄糖标准溶液，2 min 内加热至沸，保持溶液呈沸腾状态，以每两秒一滴的速度从滴定管里继续滴加葡萄糖标准溶液，直至溶液蓝色刚好褪去，记录消耗葡萄糖标准溶液的总体积，同时做三份平行，取其平均值。计算每 10 mL（甲、乙液各 5 mL）碱性酒石酸铜溶液相当于葡萄糖的质量 m_1（mg）。

注：也可以按上述方法标定 4~20 mL 碱性酒石酸铜溶液（甲、乙液各半）来适应试样中还原糖的浓度变化。

（2）试样溶液预测。吸取碱性酒石酸铜甲液和乙液各 5.00 mL，置于 150 mL 锥形瓶中，加入玻璃珠两粒，加水 10 mL，在 2 min 内加热至沸腾，保持溶液沸腾状态，快速滴加试样溶液，待锥形瓶溶液颜色变浅时，以每两秒一滴的速度滴定，直至溶液蓝色刚好褪去为终点。记录试样溶液的消耗体积。当样液中葡萄糖浓度过高时，应适当稀释后再进行测定。每次滴定消耗试样溶液的体积控制在与标定碱性酒石酸铜溶液时所消耗的葡萄糖标准溶液的体积相近，约为 10 mL。

（4）试样溶液测定。吸取碱性酒石酸铜甲液和乙液各 5.00 mL，置于 150 mL 锥形瓶中，加入玻璃珠两粒，加水 10 mL，滴加比预测体积少 1 mL 的试样溶液至锥形瓶中，使在 2 min 内加热至沸，保持沸腾状态继续以每两秒一滴的速度滴定，直至蓝色刚好褪去为终点，记录样液消耗体积。平行操作 3 份，求得平均消耗体积。

当浓度过低时，则采取直接加入 10.00 mL 样品液，不加 10 mL 的水，再用葡萄糖标准溶液滴定至终点，记录消耗的体积与标定时消耗的葡萄糖标准溶液体积之差相当于 10 mL 样液中所含葡萄糖的质量（mg）。

（5）试剂空白测定。同时量取 20.00 mL 水及与试样溶液处理时相同量的淀粉酶溶液，按反滴法做试剂空白实验。即用葡萄糖标准溶液滴定试剂空白溶液至终点，记录消耗的体积与标定时消耗的葡萄糖标准溶液体积之差相当于 10 mL 样液中所含葡萄糖的质量（mg）。

【计算与数据处理】

（1）试样中葡萄糖含量按下式计算

$$X_1 = \frac{m_1}{\frac{50}{250} \times \frac{V_1}{100}}$$

式中：X_1——所称试样中葡萄糖的质量，mg；

m_1——10 mL 的碱性酒石酸铜甲、乙液各 5 mL 的混合溶液相当于葡萄糖的质量，mg；

250——样品定容体积，mL；

50——测定用样品溶液体积，mL；

V_1——测定时平均消耗试样溶液体积，mL；

100——测定用样品的定容体积，mL。

（2）当试样中淀粉浓度过低时葡萄糖含量按下式计算

$$X_2 = \frac{m_2}{\frac{50}{250} \times \frac{10}{100}}$$

$$m_2 = m_1 \left(1 - \frac{V_2}{V_S}\right)$$

式中：X_2——所称试样中葡萄糖的质量，mg；

m_2——标定碱性酒石酸铜甲、乙液各 5 mL 混合溶液时消耗的葡萄糖标准溶液的体积与加入试样后消耗的葡萄糖标准溶液体积之差相当于葡萄糖的质量，mg；

50——测定用样品溶液体积，mL；

250——样品定容体积，mL；

10——直接加入的试样体积，mL；

100——测定用样品的定容体积，mL；

m_1——标定碱性酒石酸铜甲、乙液各 5 mL 混合溶液相当于葡萄糖的质量，mg；

V_2——加入试样后消耗的葡萄糖标准溶液体积，mL；

V_S——标定碱性酒石酸铜甲、乙液各 5 mL 溶液时消耗的葡萄糖标准溶液的体积，mL。

（3）试剂空白值按下式计算

$$X_0 = \frac{m_0}{\frac{50}{250} \times \frac{10}{100}}$$

$$m_0 = m_1\left(1 - \frac{V_0}{V_S}\right)$$

式中：X_0——试剂空白值，mg；

m_0——标定碱性酒石酸铜甲、乙液各 5 mL 混合溶液时消耗的葡萄糖标准溶液的体积与加入空白后消耗的葡萄糖标准溶液体积之差相当于葡萄糖的质量，mg；

50——测定用样品溶液体积，mL；

250——样品定容体积，mL；

10——直接加入的试样体积，mL；

100——测定用样品的定容体积，mL；

V_0——空白试样消耗的葡萄糖标准溶液体积，mL；

V_S——标定碱性酒石酸铜甲、乙液溶液各 5 mL 混合液时消耗的葡萄糖标准溶液的体积，mL。

（4）试样中淀粉的含量按下式计算

$$X = \frac{(X_1 - X_0) \times 0.9}{m \times 1\,000} \times 100 \text{ 或 } X = \frac{(X_2 - X_0) \times 0.9}{m \times 1\,000} \times 100$$

式中：X——每 100g 试样中淀粉的质量，g；

m——试样质量，g；

0.9——以葡萄糖计的还原糖换算成淀粉的换算系数。

Ⅱ 酸水解法

【实验原理】

试样经除去脂肪及可溶性糖类后，其中淀粉用酸水解成具有还原性的单糖，然后按还原糖测定，并折算成淀粉。

【器材与试剂】

1. 器材

恒温水浴锅、回流装置（并附 250 mL 锥形瓶）、高速组织捣碎机、电炉、锥形瓶等。

2. 试剂及其配制

（1+1）盐酸、400 g/L 氢氧化钠、200 g/L 乙酸铅、100 g/L 硫酸钠、石油醚、乙醚、无水乙醇或 95% 乙醇、2 g/L 甲基红指示剂、精密 pH 试纸（pH 为 6.8~7.2）、D- 无水葡萄糖（纯度 ≥ 98%）。

1.0 mg/mL 葡萄糖标准溶液：将 D-无水葡萄糖置于 98~100 ℃干燥 2 h，放入干燥器中冷却到室温，再准确称取 1.000 g（精确至 0.000 1 g），加水溶解后加入 5 mL 盐酸，定容至 1 000 mL。

【实验步骤】

1. 试样制备

（1）磨碎称量。样品磨碎过 0.425 mm 筛（相当于 40 目），称取 2.000~5.000 g（精确到 0.001 g）。

（2）分离脂肪和可溶性糖。将称取的试样置于放有慢速滤纸的漏斗中，每次用 10 mL 乙醚或石油醚淋洗试样中脂肪，弃去乙醚或石油醚，重复操作 5 次。用 150 mL 体积分数为 85% 的乙醇分数次洗涤残渣，以充分除去可溶性糖类物质。过滤备用。

（3）酸解。将残留在滤纸的的物质转移至 250 mL 锥形瓶中，100 mL 水洗涤漏斗中残渣并入锥形瓶中，加入 30 mL 盐酸（1+1），接好冷凝管，置沸水浴中回流 2 h。回流完毕后，立即冷却。待试样水解液冷却后，加入 2 滴甲基红指示液，用 400 g/L 氢氧化钠溶液滴定成至黄色，再用盐酸（1+1）滴定至试样水解液刚变成红色。若试样水解液颜色较深，可用精密 pH 试纸测试，使试样水解液的 pH 约为 7。然后加 20 mL 质量浓度为 200 g/L 乙酸铅溶液，摇匀，放置 10 min。再加 20 mL 质量浓度为 100 g/L 硫酸钠溶液，以除去过多的铅。

（4）定容。将上述溶液摇匀，溶液和残渣全部转入 500 mL 容量瓶中，加水稀释至刻度。过滤，弃去初滤液 20 mL，续滤液供测定用。

2. 测定

与 I 酶水解法相同。

【计算】

每 100 g 试样中淀粉的质量

$$X = \frac{(A_1 - A_2) \times 0.9}{m \times \frac{V}{500} \times 1000}$$

式中：X——每 100 g 试样中淀粉的质量，g；

m——称取试样质量，g；

A_1——测定用试样中水解液葡萄糖质量，mg；

A_2——试剂空白中葡萄糖质量，mg；

V——测定用试样水解液体积，mL；

0.9——葡萄糖折算成淀粉的换算系数；

500——试样液总体积，mL。

【思考题】

（1）比较酶水解法和酸水解法测量谷物淀粉含量的优缺点。

（2）影响本实验测定结果准确性的因素有哪些？

实验 6-6 大米直链淀粉的测定

【实验目的】

了解大米直链淀粉的测定原理，初步掌握大米直链淀粉的测定方法。

【实验原理】

淀粉与碘易形成碘-淀粉复合物，并具有特殊的颜色反应。淀粉类型不同，产生的显色反应有差异：具有较小螺旋体结构的支链淀粉，与碘形成紫红色复合物；具有较大螺旋体结构的直链淀粉，与碘形成蓝色复合物；如果两种淀粉的比例不同，则呈现不同程度的蓝紫色。在淀粉总量不变的条件下，将这两种淀粉的分散液按不同比例混合，在一定波长和酸度条件下与碘作用，生成由紫红到深蓝一系列颜色，代其不同直链淀粉含量比例，根据吸光度与直链淀粉浓度呈线性关系，可用分光光度计测定[1]。即以 720 nm 为测定波长，样品溶液的吸光度与直链淀粉含量成正比。测定直链淀粉时，由于受样品中支链淀粉的影响，需要用纯的直链和支链淀粉按不同的比例混合，制作吸光度直链淀粉含量的校正曲线。当测得试验样品的吸光度时，可从校正曲线上读取样品直链淀粉的含量。

【器材与试剂】

1. 器材

粉碎机、分光光度计、分析天平、50 mL 具塞刻度试管、100 mL 容量瓶。

2. 试剂

（1）1 mol/L、0.09 mol/L 氢氧化钠水溶液。

---

[1] 张兆丽,熊柳,赵月亮,等.直链淀粉与糊化特性对米粉凝胶品质影响的研究[J].青岛农业大学学报(自然科学版),2011,28(1):61.

（2）1 mol/L 乙酸水溶液。

（3）3 g/L 氢氧化钠溶液。

（4）20 g/L 十二烷基苯磺酸钠溶液。使用前加亚硫酸钠至质量浓度为 2 g/L。

（5）碘贮备液。称取 2 g 碘和 20 g 碘化钾，加水溶解，稀释至 100 mL。避光保存。

（6）碘试剂。取 1 mL 碘贮备液稀释至 100 mL。临用时现配。

（7）1 mg/mL 马铃薯直链淀粉标准溶液。先马铃薯直链淀粉纯品置于 55~56 ℃真空干燥烘干，冷却至室温后，准确称取（100 ± 0.5）mg 直链淀粉，放入 100 mL 锥形瓶中，向锥形瓶中加入 1 mL 无水乙醇，湿润样品；再加入 9 mL 浓度为 1 mol/L 的 NaOH 溶液，放入沸水浴中，分散 10 min，冷却后用水定容，摇匀。

（8）1 mg/mL 支链淀粉标准溶液。称取（100 ± 0.5）mg 已除去蛋白质、脱脂及平衡后的蜡质大米支链淀粉于 100 mL 烧杯中，加入 1.0 mL 无水乙醇湿润样品，再加入 9.0 mL 浓度为 1 mol/L 的 NaOH 溶液，于 85 ℃水浴中分散 10 min，冷却后移入 100 mL 容量瓶中，用 70 mL 水分数次洗涤烧杯，洗涤液一并移入容量瓶中，加水至刻度，剧烈摇匀。

【实验步骤】

1. 混合校准曲线绘制

（1）系列标准溶液的制备。按照表 6-5 混合配制系列标准溶液。

表6-5 系列标准溶液

大米直链淀粉质量分数（干基[a]/%）	1 mg/mL 马铃薯直链淀粉标准溶液 /mL	1 mg/mL 支链淀粉标准溶液 /mL	0.09 mol/L 氢氧化钠溶液 /mL
0	0	18	2
10	2	16	2
20	4	14	2
25	5	13	2
30	6	12	2
35	7	11	2

注：[a] 上述数据是在平均淀粉含量为 99% 的大米干基基础上计算所得。

（2）显色与吸光度测定。准确移取 5.0 mL 系列标准溶液分别加入预先加入约

50 mL 水的 100 mL 的 6 个容量瓶中，在各瓶中加 1 mol/L 乙酸 1 mL，摇匀，再加 2 mL 碘试剂，加水至刻度，摇匀，静置 10 min；另取 1 个 100 mL 容量瓶，加入 0.09 mol/L 氢氧化钠溶液作空白；在 720 nm 处读取吸光度。

（3）绘制校正曲线。以直链淀粉含量为横坐标，吸光度为纵坐标，绘制标准曲线（或建立回归方程）。

2. 样品测定

（1）样品的制备。取至少 10 g 精米，用粉碎机将样品粉碎，全部通过 0.150~0.180 mm（80~100 目）孔径筛，采用甲醇溶液以每秒 5~6 滴速度回流提抽 4~6 h 脱脂，脱脂后将试样在盘子或表面皿是铺成一薄层，放置 2 d，以挥发残余甲醇，并平衡水分。

（1）样品溶液的制备。称取（100±0.5）mg 试样于 100 mL 锥形瓶中，加入 1 mL 乙醇溶液，将黏在瓶壁上的试样冲下。再加入 9.0 mL 浓度为 1.0 mol/L 的氢氧化钠溶液，摇匀，置于沸水浴中加热 10 min。取出冷却至室温，用蒸馏水 100 mL 容量瓶定容。

（2）空白溶液的制备。使用 5.0 mL 浓度为 0.09 mol/L 的氢氧化钠溶液替代样品，按上述步骤制备空白溶液。

（3）样品溶液测定。准确移取 5.0 mL 样品溶液加入到预先加入大约 50 mL 水的 100 mL 容量瓶中，加 1 mol/L 乙酸 1.0 mL，摇匀，再加 2 mL 碘试剂，加水至刻度，摇匀，静置 10 min；另取 1 个 100 mL 容量瓶，加入 0.09 mol/L 氢氧化钠溶液作空白；在 720 nm 处读取吸光度。

每一样品溶液应做两份平行测定。

【结果表示】

直链淀粉含量用干基质量分数表示，从校正曲线的吸光度值求得测试结果。

实验 6-7 折光法测定果蔬可溶性固形物含量

【实验目的】

学习用折光仪法测定水果和蔬菜可溶性固形物含量，掌握折射仪的使用方法。

【实验原理】

利用光的折射和反射原理，建立物质溶液的折射率与溶液浓度间的对应关系，从而求得样液可溶性固形物的含量。通常以质量分数（%）表示，可直接从折射仪的显示器或刻度尺上读出样液的可溶性固形物含量。

【仪器与试剂】

折射仪[糖度（Brix）刻度为0.1%]、组织捣碎机（转速10 000~12 000 r/min）、分析天平。

【实验步骤】

1. 样液制备

将果蔬洗净、擦干，取可食部分进行称量，含水高的试样称取250 g，含水低的称取125 g，放入组织捣碎机中捣碎，用四层纱布挤出匀浆汁液进行测定。

2. 仪器校准

在20 ℃条件下，用蒸馏水校准折射仪，将可溶性固形物含量读数调整至0。环境温度不在20 ℃时，按表6-6中的校正值进行校准。

3. 样液测定

保持测定温度稳定，变幅不超过±0.5 ℃。用柔软绒布擦净棱镜表面，滴加2~3滴待测样液，使样液均匀分布于整个棱镜表面，对准光源（非数显折射仪应转动消色调节旋钮，使视野分成明暗两部分，再转动棱镜旋钮，使明暗分界线适在物镜的十字交叉点上），记录折射仪读数。无温度自动补偿功能的折射仪，记录测定温度。用蒸馏水和柔软绒布将棱镜表面擦净。注意测定时应避开强光干扰❶。

【计算】

1. 有温度自动补偿功能的折射仪

未经稀释的试样，试样可溶性固形物含量为折射仪读数。稀释的试样由下式计算所得

$$X = P \times \frac{m_0 + m_1}{m_0}$$

式中：X——样品可溶性固形物含量，%；

---

❶ 周航. 猕猴桃采后产地预冷及保鲜工艺研究[D]. 北京：中国农业机械化科学研究院, 2018.

P——样液可溶性固形物含量，%；

m_0——试样质量，g；

m_1——试样中加入蒸馏水的质量，g。

注：常温下每毫升蒸馏水的质量按 1 g 计。

2. 无温度自动补偿功能的折射仪

根据记录的测定温度，从表 6-6 中查出校正值。未经稀释过的试样，测定温度低于 20 ℃时，试样可溶性固形物含量为折射仪读数减去校正值；测定温度高于 20 ℃时，试样可溶性固形物含量为折射仪读数加上校正值。稀释过的试样，其可溶性固形物含量按上面公式计算。

表6-6　可溶性固形物含量温度校正值

测定温度/℃	可溶性固形物质量分数/%									
	0	5	10	15	20	25	30	35	40	45
10	0.50	0.54	0.58	0.61	0.64	0.66	0.68	0.70	0.72	0.73
11	0.46	0.46	0.53	0.55	0.58	0.60	0.62	0.64	0.65	0.66
12	0.42	0.45	0.48	0.50	0.52	0.54	0.56	0.57	0.58	0.59
13	0.37	0.40	0.42	0.44	0.46	0.48	0.49	0.50	0.51	0.52
14	0.33	0.35	0.37	0.39	0.40	0.41	0.42	0.43	0.44	0.45
15	0.27	0.29	0.31	0.33	0.34	0.34	0.35	0.36	0.37	0.37
16	0.22	0.24	0.25	0.26	0.27	0.28	0.28	0.29	0.30	0.30
17	0.17	0.18	0.19	0.20	0.21	0.21	0.24	0.22	0.22	0.23
18	0.12	0.13	0.13	0.14	0.14	0.14	0.14	0.15	0.15	0.15
19	0.06	0.06	0.06	0.07	0.07	0.07	0.07	0.08	0.08	0.08
21	0.06	0.07	0.07	0.07	0.07	0.08	0.08	0.08	0.08	0.08
22	0.13	0.13	0.14	0.14	0.15	0.15	0.15	0.15	0.15	0.16
23	0.19	0.20	0.21	0.22	0.22	0.23	0.23	0.23	0.23	0.24

续 表

测定温度 /℃	可溶性固形物质量分数 /%									
	0	5	10	15	20	25	30	35	40	45
24	0.26	0.27	0.28	0.29	0.30	0.30	0.31	0.31	0.31	0.31
25	0.33	0.35	0.36	0.37	0.38	0.38	0.39	0.40	0.40	0.40
26	0.40	0.42	0.43	0.44	0.45	0.46	0.47	0.48	0.48	0.48
27	0.48	0.50	0.52	0.53	0.54	0.55	0.55	0.56	0.56	0.56
28	0.56	0.57	0.60	0.61	0.62	0.63	0.63	0.64	0.64	0.64
29	0.64	0.66	0.68	0.69	0.71	0.72	0.72	0.73	0.73	0.73
30	0.72	0.74	0.77	0.78	0.79	0.80	0.80	0.81	0.81	0.81

3. 结果表示

以两次平行测定结果的算术平均值表示，保留一位小数。

4. 允许差

同一试样两次平行测定结果的最大允许绝对差，未经稀释的试样为 0.5%，稀释过的试样为 0.5% 乘以稀释倍数（即试样和所加蒸馏水的总质量与试样质量的比值）。

【思考题】

（1）测定果蔬可溶性固形物有何意义？

（2）折射仪在使用过程中应注意的细节有哪些？

实验 6-8 3,5- 二硝基水杨酸测定水果还原性糖和可溶性糖

【实验目的】

掌握 3,5- 二硝基水杨酸测定糖的原理和操作要点及影响因素。

【实验原理】

可溶性非还原糖经酸化后可转化为还原糖。在碱性条件下 3,5- 二硝基水杨酸

与还原糖共热后被还原生成棕红色的氨基化合物，利用分光光度计在 540 nm 波长下测定棕红色物质的吸光度值，其吸光度值与还原糖含量成正比。

【器材与试剂】

1. 器材

离心机、电子天平、分光光度计、烧杯、三角瓶、具塞刻度试管、恒温水浴锅、容量瓶。

2. 试剂及其配制

（1）6 mol/L 氢氧化钠溶液。称取 240 g 氢氧化钠于 1 000 mL 烧杯中，用水溶解定容至 1 000 mL 容量瓶中。

（2）2 mol/L 氢氧化钠溶液。称取 80.0 g 氢氧化钠于 500 mL 烧杯中，用水溶解定容至 1 000 mL 容量瓶中。

（3）0.1 mol/L 氢氧化钠溶液。称取 0.400 g 氢氧化钠（NaOH）于 100 mL 烧杯中，溶解定容至 100 mL。

（4）3,5- 二硝基水杨酸（DNS）试剂。将 6.3 g DNS 和 262 mL 浓度为 2 mol/L 氢氧化钠溶液加到含 185 g 酒石酸钾钠的 500 mL 热水中，再加入 5 g 苯酚和 5 g 亚硫酸钠，搅拌溶解，冷却，用水定容至 1 000 mL，贮于棕色瓶中备用。

（5）亚铁氰化钾溶液。称取 10.6 g 亚铁氰化钾，用水溶解定容至 100 mL。

（6）乙酸锌溶液。称取 21.9 g 乙酸锌，用少量水溶解后加入 3 mL 冰乙酸，用水定容至 100 mL。

（7）6 mol/L 盐酸溶液。在 500 mL 的烧杯中加入 100 mL 水，量取 100 mL 盐酸缓缓加入烧杯中，边加边搅拌，混匀后装入储液瓶备用。

（8）1 mg/mL 葡萄糖标准溶液。准确称取 0.100 0 g 经 80 ℃干燥 2 h 的葡萄糖标准物质，溶解定容至 100 mL。现用现配。

（9）甲基红指示剂。称取 0.10 g 甲基红溶于 3.72 mL 浓度为 0.1 mol/L 氢氧化钠溶液中，稀释至 250 mL，装入滴瓶。

【实验步骤】

1. 制作葡萄糖标准曲线

取 7 支 10 mL 具塞刻度试管，分别按表 6-7 依次加入试剂。

表6-7　绘制葡萄糖标准曲线的试剂量

管号	0	1	2	3	4	5	6
1 mg/mL 葡萄糖标准液 /mL	0	0.2	0.4	0.6	0.8	1.0	1.2
蒸馏水 /mL	2.0	1.8	1.6	1.4	1.2	1.0	0.8
3,5-二硝基水杨酸试剂 /mL	4.00	4.00	4.00	4.00	4.00	4.00	4.00
水浴定容后所得葡萄糖标准溶液质量浓度 / (mg·mL^{-1})	0	0.02	0.04	0.06	0.08	0.10	0.12

将各管摇匀，置于沸水浴中加热 5 min，取出后立即用冷水冷却到室温，再向每管加入蒸馏水定容至刻度处，摇匀。用 0 号管调零，于 540 nm 波长下分别测定 1~6 号管其吸光度值。以葡萄糖质量浓度为横坐标（x），吸光度值为纵坐标（y），绘制标准曲线。

2. 样液制备

果实洗净擦干，取可食部分，切碎混匀，四分法取样，用组织捣碎机制成匀浆（多汁水果直接匀浆，含水量小的水果匀浆前按1+1的比例加水）。称取 10.00 g（m）试样，用水洗入容量瓶中，加入亚铁氰化钾溶液和乙酸锌溶液各 3 mL，摇匀，定容至 250 mL（V_1），放置片刻，过滤，滤液备用。

3. 还原糖的测定

根据不同样品中糖的含量，用移液管吸取滤液 5~20 mL（V_2）于容量瓶中，用水定容至 100 mL（V_3）。从容量瓶中吸取 1.00 mL（V_4）样液于 10 mL（V_5）具塞刻度试管中，加水至 2.0 mL。以下按上述标准曲线绘制的步骤操作。记录测定的吸光度值，从标准曲线求得测定液中还原糖的质量浓度。

4. 可溶性糖的测定

根据样品含糖量高低，用移液管吸取样液 5~10 mL（V_2）于容量瓶中，加入 6 mol/L 盐酸溶液 1 mL，置恒温水浴锅中（80±2）℃加热 10 mim，取出，置冷水槽中冷却至室温，加甲基红指示剂 3 滴，用 6 mol/L 氢氧化钠溶液中和至浅橙色，用水定容至 100 mL（V_3），混匀。以下按还原糖的测定步骤操作。

【计算】

样品中还原性糖或可溶性糖含量

$$X = \frac{C \times V_1 \times V_3 \times V_5 \times A}{m \times V_2 \times V_4 \times 10}$$

式中：X——样品中还原性糖或可溶性糖质量分数，%；

C——试样测定液中还原糖的质量浓度，mg/mL；

V_1——样液定容体积，mL；

V_2——样液分取体积，mL；

V_3——分取样液定容体积，mL；

V_4——测定液吸取体积，mL；

V_5——测定样液体积，mL；

A——稀释倍数，多汁水果为1，含水量少的水果为2；

m——试样质量，g；

10——测定结果换算为质量百分数的转换系数。

【思考题】

（1）在进行样品中总糖的提取与水解时，为什么要用一定浓度的盐酸处理？而在其测定前，又为何要用氢氧化钠中和？

（2）本实验操作过程中应注意的事项有哪些？

实验6-9 直接滴定法测定蜂蜜中还原性糖的含量

【实验目的】

了解测定蜂蜜还原糖含量的意义，掌握直接滴定法测定还原糖的原理及其方法。

【实验原理】

蜂蜜最主要的成分是葡萄糖和果糖这两种还原糖，它们来自于花蜜，是花蜜中的蔗糖通过蜜蜂分泌的转化酶的作用而产生的葡萄糖和果糖。这两种糖占蜂蜜总成分的65%以上，赋予蜂蜜甜味、吸湿性、能量及有形的特性。葡萄糖和果糖是还原性糖，测定还原糖的经典化学方法都是利用氧化还原反应。本实验采用碱性酒石酸铜作为氧化剂的直接滴定法。

将等量体积的碱性酒石酸铜甲、乙溶液混合时，会立即生成天蓝色氢氧化铜沉淀，此沉淀立即又与酒石酸钾钠反应，生成深蓝色的可溶性的酒石酸钾钠铜络合物。此络合物与还原糖共热时，二价铜即被还原糖还原为一价的氧化亚铜红色沉淀，氧化亚铜沉淀与亚铁氰化钾反应，生成可溶性化合物。反应终点可用次甲基蓝指示，稍微过量的还原糖将蓝色的次甲基蓝还原成无色，溶液呈淡黄色而指示滴定终点。通过用葡萄糖标准溶液标定碱性酒石酸铜溶液计算出一定体积的碱性酒石酸铜溶液相当于还原糖葡萄糖的质量，然后测定样品液所消耗的体积，计算出以葡萄糖为还原糖的含量。

【器材与试剂】

1. 器材

天平、恒温水浴锅、可调温电炉、酸式滴定管、锥形瓶等。

2. 试剂及其配制

盐酸（1+1）、硫酸铜、亚甲蓝、酒石酸钾钠、氢氧化钠、乙酸锌、冰乙酸、亚铁氰化钾。

（1）碱性酒石酸铜甲液。称取 15 g 硫酸铜和 0.05 g 亚甲蓝，溶于水中，定容到 1 000 mL。

（2）碱性酒石酸铜乙液。称取 50 g 酒石酸钾钠和 75 g 氢氧化钠，溶于水中，再加入 4 g 亚铁氰化钾，溶解后，定容至 1 000 mL，用橡胶塞玻璃瓶贮存。

（3）乙酸锌溶液。称取 21.9 g 乙酸锌，加 3 mL 冰乙酸，加蒸馏水溶解，定容于 100 mL。

（4）106 g/L 亚铁氰化钾溶液。称取 10.6 g 亚铁氰化钾，加蒸馏水溶解，定容至 100 mL。

（5）40 g/L 氢氧化钠溶液。称取 4 g 氢氧化钠，加水溶解后，放冷，并定容至 100 mL。

（6）1.0 mg/mL 葡萄糖标准溶液。葡萄糖经过 98~100 ℃ 烘箱中干燥 2 h 后，放入干燥器冷却后，准确称取 1 g 葡萄糖，溶解后加入 5 mL 盐酸溶液，蒸馏水定容至 1 000 mL。该溶液每毫升相当于 1.0 mg 葡萄糖。

【实验步骤】

1. 试样制备

称取试样 5.000~25.000 g（精确至 0.001 g），放入 250 mL 容量瓶中，加 50 mL 蒸馏水，缓慢加入 5 mL 乙酸锌溶液和 5 mL 亚铁氰化钾溶液，加蒸馏水至刻度，混匀，静置 30 min，用干燥滤纸过滤，取续滤液备用。

2. 用葡萄糖标准溶液标定碱性酒石酸铜溶液

精密移取碱性酒石酸铜甲液和乙液各 5.0 mL，放入 150 mL 锥形瓶中，加蒸馏水 10 mL，同时加玻璃珠 3 粒，从滴定管中滴加约 9 mL 葡萄糖标准溶液，将锥形瓶的液体用电炉在 2 min 中内加热至沸腾，趁热以每两秒 1 滴的速度继续滴加葡萄糖或其他还原糖标准溶液，直至溶液蓝色刚好褪去为终点，记录滴定的葡萄糖的体积，平行操作 3 份，取其平均值。计算每 10 mL 碱性酒石酸铜溶液相当于葡萄糖的质量（mg）。❶

3. 试样溶液预测

精密移取碱性酒石酸铜甲液、乙液各 5.0 mL 置于 150 mL 锥形瓶中，加蒸馏水 10 mL，加入玻璃珠 3 粒，在 2 min 内加热至沸，保持沸腾快速滴加试样溶液，待溶液颜色变浅时，以每 2 秒 1 滴的速度滴定，直至溶液蓝色刚好褪去为止，记录样品溶液消耗体积。如果样液中还原糖质量浓度过高时，应采取适当稀释后再进行测定，稀释原则是控制在与标定碱性酒石酸铜溶液测定时所消耗的还原糖标准溶液的体积相近（10 mL 左右）的试样液，结果下面计算中的（1）式计算；如果质量浓度过低时则采取直接加入 10 mL 样品液，不加 10 mL 水，再用还原糖标准溶液滴定至终点，记录消耗的总体积（$V_\text{总}$），结果下面计算中的（2）式计算。

4. 试样溶液测定

吸取碱性酒石酸铜甲液 5.0 mL 和碱性酒石酸铜乙液 5.0 mL，置于 150 mL 锥形瓶中，加水 10 mL，加入玻璃珠 2~4 粒，从滴定管滴加比预测体积少 1 mL 的试样溶液至锥形瓶中，控制在 2 min 内加热至沸，保持沸腾继续以每两秒 1 滴的速度滴定，直至蓝色刚好褪去为终点，记录样液消耗体积，同法平行操作 3 份，得出平均消耗体积（V）。❷

【计算】

（1）每 100 g 试样中还原糖的量的计算

$$X = \frac{m_1}{m \times \dfrac{V}{V_\text{质}} \times 1000} \times 100$$

式中：X——每 100 g 试样中还原糖的质量，g；

m_1——甲、乙液各 5 mL 的碱性酒石酸铜溶液相当于葡萄糖的质量，mg；

m——试样质量，g；

---

❶❷ 姜彩鸽，王国珍，张怡，等. 不同葡萄品种对灰霉病菌胁迫的响应[J]. 西北农业学报，2017,26（2）:264。

V——测定时平均消耗试样溶液体积，mL；

$V_总$——试液定容体积，mL；

1 000——换算系数。

（2）当浓度过低时，试样中还原糖的量的计算

$$X = \frac{m_2}{m \times \frac{10}{V_总} \times 1000} \times 100$$

式中：X——每 100 g 试样中还原糖的质量，g；

m_2——标定时体积与加入样品后消耗的葡萄糖标准溶液体积之差相当于葡萄糖的质量，mg；

m——试样质量，g；

10——样液体积，mL；

$V_总$——试液定容体积，mL；

1 000——换算系数。

（3）每 100 g 试样中还原糖的质量 ≥ 10 g 时，计算结果保留三位有效数字；还原糖的质量 <10g 时，计算结果保留两位有效数字。

（4）在重复性条件下获得的两次独立测定结果的绝对差值不得超过算术平均值的 5%。

（5）当称样量为 5 g 时，每 100 g 样量定量限为 0.25 g。

【思考题】

（1）测定蜂蜜还原性糖的意义是什么？

（2）为什么要在沸腾状态下滴定？

（3）实验中预滴定的目的是什么？

（4）操作时应怎样减小本实验的误差？

实验 6-10 酸水解法测定肉及肉制品中脂肪的含量

【实验目的】

掌握酸水解法测定肉及肉制品中脂肪的原理及操作方法，能正确使用索氏提取器。

【实验原理】

肉及肉制品中的脂肪酸有两种存在方式：一种是游离态的脂肪，一种是结合

态的脂肪。结合态脂肪必须用强酸使其游离出来，游离出的脂肪易溶于有机溶剂。因此，试样经盐酸水解后用无水乙醚或石油醚有机溶剂提取脂肪，除去溶剂即得游离态和结合态脂肪的总含量。

【器材与试剂】

1. 器材

索氏提取器、滤纸筒、蓝色石蕊试纸、恒温水浴锅、电热板（满足200℃高温）、锥形瓶、分析天平、电热鼓风干燥箱。

2. 试剂

盐酸、乙醇、无水乙醚、石油醚（沸程为30~60℃）。

盐酸溶液（2 mol/L）：量取50 mL盐酸，加到250 mL水中，混匀。

【实验步骤】

1. 试样酸水解

取试样200 g于绞肉机中，至少绞两次使其均质化并混匀，称取混匀后的试样3.000~5.000 g，准确至0.001 g，置于250 mL锥形瓶中，加入50 mL浓度为2 mol/L盐酸溶液和数粒玻璃细珠，盖上表面皿，于电热板上加热至微沸，保持1 h，每10 min旋转摇动1次。取下锥形瓶，加入150 mL热水，混匀，过滤。锥形瓶和表面皿用热水洗净，热水一并过滤。沉淀用热水洗至中性（用蓝色石蕊试纸检验，中性时试纸不变色）。将沉淀和滤纸置于大表面皿上，于（100±5）℃干燥箱内干燥1 h，冷却。

2. 抽提

干燥后的试样装入滤纸筒，将滤纸筒放入索氏抽提器的抽提筒内，连接已干燥至恒重的接收瓶，由抽提器冷凝管上端加入无水乙醚或石油醚至瓶内容积的2/3处，于水浴上加热，使无水乙醚或石油醚不断回流抽提（6~8次/h），一般抽提6~10 h。提取结束时，用磨砂玻璃棒接取1滴提取液，磨砂玻璃棒上无油斑表明提取完毕。

3. 称量

取下接收瓶，回收无水乙醚/石油醚，待接收瓶内溶剂剩余1~2 mL时在水浴上蒸干，再于（100±5）℃下干燥1 h，放干燥器内冷却0.5 h后称量。重复以上操作直至恒重（直至两次称量的差不超过2 mg）。

【计算】

（1）每100 g试样中脂肪量的计算

$$X = \frac{m_1 - m_0}{m_2} \times 100$$

式中：X——每100 g试样中脂肪的质量，g；

m_0——接收瓶的质量，g；

m_1——恒重后接收瓶和脂肪的质量，g；

m_2——试样的质量，g；

100——换算系数。

（2）计算结果表示到小数点后一位。

【思考题】

（1）索氏抽提操作时应注意哪些细节？
（2）用作抽提的样品为什么要干燥？

实验6-11 农产品中蛋白质含量的测定（GB 5009.6—2016）

【实验目的】

掌握不同方法测定蛋白质的实验原理及操作技术。

Ⅰ 凯氏定氮法

【实验原理】

凯氏定氮法是由丹麦化学家凯道尔于1833年建立的，现已发展为常量、微量、半微量凯氏定氮法及自动定氮仪法等，是分析有机化合物含氮量的常用方法。蛋白质是含氮有机物，自然界中的蛋白质含氮比较稳定，平均为16%。因此，通过测定物质中的含氮量便可估算出物质中的总蛋白质含量。

试样在催化剂的作用下用浓硫酸消解，反应产物用碱中和后蒸馏，释放出的氨用过量的硼酸液吸收，再用标准盐酸或硫酸滴定，计算出样品中的氮量，根据相关蛋白质换算系数，便求得粗蛋白质的含量。相关化学反应可归纳如下：

蛋白质（C,H,O,N,P,S）$\xrightarrow{H_2SO_4}$（NH$_4$）$_2$SO$_4$ + CO$_2$ + SO$_2$ + H$_3$PO$_4$ + H$_2$O

（NH$_4$）$_2$SO$_4$ + 2NaOH $\xrightarrow{加热}$ 2NH$_3$↑ + Na$_2$SO$_4$ + H$_2$O

$$2NH_3 + 4H_3BO_3 \rightarrow (NH_4)_2B_4O_7 + 5H_2O$$
$$(NH_4)_2B_4O_7 + 2HCl + 5H_2O \rightarrow 2NH_4Cl + 4H_3BO_3$$

【器材与试剂】

1. 器材

天平（感量为 1 mg）、定氮蒸馏装置（图 6-2）、自动凯氏定氮仪。

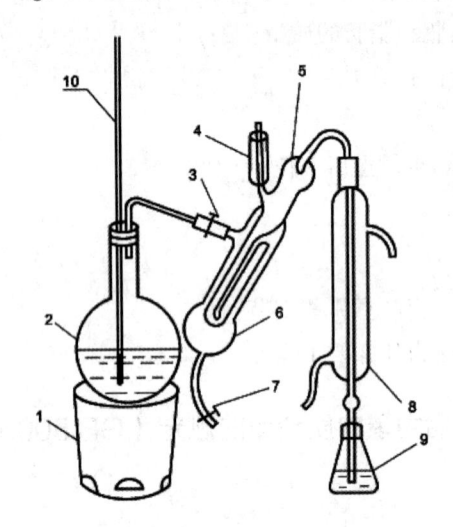

图 6-2 定氮蒸馏装置

1—电炉；2—水蒸气发生器（2 L 烧瓶）；3—螺旋夹；4—小玻杯及棒状玻塞；5—反应室；
6—反应室外层；7—橡皮管及螺旋夹；8—冷凝管；9—蒸馏液接收瓶；10—安全玻璃管

2. 试剂及配制

硫酸铜、硫酸钾、硫酸、硼酸、甲基红指示剂、溴甲酚绿指示剂、亚甲基蓝指示剂、氢氧化钠、体积分数为 95% 的乙醇、硫酸标准滴定溶液 $[c(1/2H_2SO_4)]0.050\ 0$ mol/L 或盐酸标准滴定溶液体积分数为 $[c(HCl)]0.050\ 0$ mol/L。

（1）20 g/L 硼酸溶液。称取 20 g 硼酸，加水溶解后并稀释至 1 000 mL。

（2）400 g/L 氢氧化钠溶液。称取 40 g 氢氧化钠加水溶解后，放冷，并稀释至 100 mL。

（3）1 g/L 甲基红乙醇溶液。称取 0.1 g 甲基红，溶于体积分数为 95% 的乙醇，用体积分数为 95% 的乙醇稀释至 100 mL。

（4）溴甲酚绿乙醇溶液（1 g/L）。称取 0.1 g 溴甲酚绿溶于体积分数为 95% 的乙醇，用体积分数为 95% 的乙醇稀释至 100 mL。

(5)混合指示液。1份甲基红乙醇溶液与5份溴甲酚绿乙醇溶液临用时混合。

【实验步骤】

1.凯氏定氮法

(1)称量。称取充分混匀的相当于30~40 mg氮的试样,对固体试样称取0.2~2.0 g、半固体试样称取2~5 g、液体试样称取10~25 g。

(2)消化与定容。将试样转移到干燥的定氮瓶中,加入6 g硫酸钾、0.4 g硫酸铜,注入20 mL浓硫酸,轻摇后放于电热套中加热,待内容物全部碳化,泡沫完全停止后,继续保持瓶内液体微沸,直至液体呈蓝绿色透明液体,再继续加热0.5~1.0 h。取下定氮瓶放冷,加入20 mL水,全部移入100 mL容量瓶中,并用少量水清洗定氮瓶,洗液并入容量瓶中,加水至刻度,混匀备用。同时做试剂空白实验。

(3)蒸馏与吸收。按图6-2装好定氮蒸馏装置,向水蒸气发生器内装水至2/3处,加入数粒玻璃珠、几滴甲基红乙醇溶液,再滴加硫酸,让水蒸气发生装置中的水变为粉红色。

用蒸馏水充分冲洗反应室(注:加入的蒸馏水不能超过反应管的1/3处),加热煮沸水蒸气发生器内的水,让产生的水蒸气充分冲洗蒸馏装置,数分钟后关闭图6-2中3 螺旋夹,让反应管中的废液倒吸流到反应室外层,打开图6-2中的7 橡皮管及螺旋夹的夹子,将废液由橡皮管排出,如此数次,即可使用。

向接受瓶内加入10.0 mL硼酸溶液和1滴混合指示剂,将冷凝管的下端插入液面以下。打开反应外室的排液管,精密量取2.0~10.0 mL(根据试样中氮含量)试样处理液,棒状玻塞注入反应室,快速用小量的蒸馏水冲洗小玻杯,随后塞紧棒状玻塞。精密量取10.0 mL氢氧化钠溶液,倒入小玻杯,提起玻塞使其流入反应室,然后立即盖紧玻塞,同时向小玻杯注入蒸馏水,夹紧排液管夹,打开图6-2中3 螺旋夹,开始蒸馏。蒸馏10 min后将冷凝管尖端提出液面,再蒸馏1 min。用少量水冲洗冷凝管尖端,取下蒸馏液接收瓶。

(4)滴定。将接收瓶中的液体用硫酸或盐酸标准溶液尽快滴定至浅灰红色。同时做试剂空白。

2.自动凯氏定氮仪法

称取充分混匀的固体试样0.2~2.0 g,半固体试样2~5 g或液体试样10~25 g(相当于30~40 mg氮),精确至0.001 g,至消化管中,再加入0.4 g硫酸铜、6 g硫酸钾及20 mL硫酸于消化炉进行消化。当消化炉温度达到420 ℃后,继续消化1 h,此时消化管中的液体呈绿色透明状,取出冷却后加入50 mL水,于自动凯氏定氮仪（使用前加入氢氧化钠溶液、盐酸或硫酸标准溶液及含有混合指示剂的硼酸溶液）上实现自动加液、蒸馏、滴定和记录滴定数据的过程。❶

【计算】

每 100 g 试样中蛋白质量的计算

$$X = \frac{(V_1 - V_2) \times c \times 0.0140}{m \times V_3/100} \times F \times 100$$

式中：X——每 100 g 试样中蛋白质的质量，g；

c——硫酸或盐酸标准滴定溶液浓度，mol/L；

V_1——试液消耗硫酸或盐酸标准滴定液的体积，mL；

V_2——试剂空白消耗硫酸或盐酸标准滴定液的体积，mL；

m——试样的质量，g；

V_3——吸取消化液的体积，mL；

F——氮换算为蛋白质的系数，各种食品中氮转换系数见附录二；

0.0140——1.0 mL 浓度为 1.000 mol/L 硫酸 [c (1/2 H_2SO_4)] 或盐酸 [c (HCl)] 标准滴定溶液相当的氮的质量，g；

100——换算系数。

Ⅱ 分光光度法

【实验原理】

食品中的蛋白质在催化加热条件下被分解，分解产生的氨与硫酸结合生成硫酸铵，在 pH4.8 的乙酸钠 - 乙酸缓冲溶液中与乙酰丙酮和甲醛反应生成黄色的 3,5- 二乙酰 -2,6- 二甲基 -1,4- 二氢化吡啶化合物。在波长 400 nm 下测定吸光度值，与标准系列比较定量，结果乘以换算系数，即为蛋白质含量。❷

【器材与试剂】

1. 器材

电热恒温水浴锅、分光光度计、10 mL 具塞玻璃比色管、天平（感量为 1 mg）。

---

❶ GB 5009.6—2016 食品中蛋白质的测定。
❷ GB 5009.6—2016 食品中蛋白质的测定。

2. 试剂及其配制

硫酸铜、硫酸钾、硫酸（优级纯）、氢氧化钠、对硝基苯酚、乙酸钠、无水乙酸钠、乙酸（优级纯）、体积分数为37%的甲醛、乙酰丙酮。

（1）300 g/L NaOH 溶液。称取 30 g NaOH，用蒸馏水溶解，冷却后稀释至 100 mL。

（2）pH 4.8 乙酸钠–乙酸缓冲溶液。首先配制 1 mol/L 的乙酸溶液，量取 5.8 mL 乙酸，稀释至 100 mL；再配制 1 mol/L 乙酸钠溶液，称取 41 g 无水乙酸钠，溶解稀释至 500 mL。最后取 1 mol/L 的乙酸溶液 40 mL 与 1 mol/L 乙酸钠溶液 60 mL 混合。

（3）1 g/L 对硝基苯酚指示剂溶液。称取 0.1 g 对硝基苯酚指示剂，用体积分数为 95% 的乙醇 20 mL 溶解，然后用蒸馏水稀释至 100 mL。

（4）显色剂。15 mL 甲醛与 7.8 mL 乙酰丙酮混合，用蒸馏水稀释至 100 mL，剧烈振摇混匀。

（5）1.0 g/L 氮标准储备溶液。称取经 105 ℃ 干燥 2 h 的硫酸铵 0.472 0 g，用蒸馏水溶解，定容到 100 mL，该溶液每毫升相当于 1.0 mg 氮。

（6）0.1 g/L 氮标准使用溶液。精密吸取 10.00 mL 氮标准储备液置于 100 mL 容量瓶内，用蒸馏水定容，该溶液每毫升相当于 0.1 mg 氮。

【实验步骤】

1. 试样消解

可参照凯氏定氮法。

2. 试样溶液的制备

根据试液含氮量不同，吸取 2.00~5.00 mL 试样消化液置于 50 mL 容量瓶中，滴加对硝基苯酚指示剂 1 滴，振荡后滴加 NaOH 溶液中和至黄色，再滴加乙酸溶液至无色，最后用蒸馏水稀释定容。

3. 标准曲线的制作

取 7 支 10 mL 比色管，按表 6-8 顺序和加入量加入各种试剂，最后加蒸馏水稀释至刻度，混匀。置于 100 ℃ 水浴 15 min。取出冷却至室温。以零管为参比，于 400 nm 处测量其吸光度值，以氮质量浓度为横坐标，吸光度值为纵坐标，绘制标准曲线或计算线性回归方程。

表6-8 分光光度法氮标准曲线各种试剂加入量

管号	0	1	2	3	4	5	6	7
0.1 g/L 氮标准使用溶液 /mL	0.00	0.05	0.10	0.20	0.40	0.60	0.80	1.00
含氮量 /mg	0.00	0.005	0.010	0.020	0.040	0.060	0.080	0.100
乙酸钠-乙酸缓冲溶液 /mL	4.00	4.00	4.00	4.00	4.00	4.00	4.00	4.00
显色剂 /mL	4.00	4.00	4.00	4.00	4.00	4.00	4.00	4.00

4. 试样测定

量取 0.50~2.00 mL（约相当于氮<100 μg）试样溶液，置于 10 mL 比色管中，再加 4.0 mL 乙酸钠-乙酸缓冲溶液和 4.0 mL 的显色剂，最后用蒸馏水稀释至刻度，混匀，100 ℃水浴 15 min。取出冷却至室温。以制作标准曲线的零管为参比，在 400 nm 处测量其吸光度值。同时做与试样溶液等量的试剂空白溶液实验。

【计算】

每 100 g 试样中蛋白质的量的计算

$$X = \frac{(C - C_0) \times V_1 \times V_3}{m \times V_2 \times V_4 \times 1\,000 \times 1\,000} \times 6.25 \times 100$$

式中：X——每 100 g 试样中蛋白质的量，g；

C——试样测定液中含氮量，μg；

C_0——试剂空白测定液中含氮量，μg；

V_1——试样消化液定容体积，mL；

V_3——试样溶液总体积，mL；

m——试样质量，g；

V_2——制备试样溶液的消化液体积，mL；

V_4——测定用试样溶液体积，mL；

1 000——换算系数；

100——换算系数；

6.25——氮换算为蛋白质的系数。

【思考题】

（1）硫酸铜、硫酸钾、硫酸等试剂的作用分别是什么？

（2）凯氏定氮法操作过程中应注意的事项有哪些？

（3）凯氏定氮法和分光光度法各有什么优缺点？

（4）为什么说凯氏定氮法测出的蛋白质含量是粗蛋白的含量？其蛋白质系数是如何计算出来的？

实验 6-12 果蔬维生素 C 的测定

【实验目的】

掌握维生素 C 的测定原理和方法，了解不同果蔬维生素 C 的含量。

【实验原理】

维生素 C 主要存于新鲜蔬菜水果中，是人类营养中最重要的一种维生素，当人体缺乏时会引起坏血病，该病又称抗坏血酸。维生素 C 具有很强的还原性，分为还原型和脱氢型。还原型抗坏血酸能还原染料 2,6- 二氯酚靛酚，本身被氧化成脱氢型。在酸性溶液中，2,6- 二氯酚靛酚呈红色，在中性或碱性溶液中呈蓝色，被还原后则变为无色。因此，当用 2,6- 二氯酚靛酚染料滴定含有维生素 C 的酸性溶液时，则滴下的染料立即被还原为无色，当溶液中的维生素全部被氧化时，滴下的过量的 2,6- 二氯酚靛酚会使溶液显示为粉红色，即为滴定终点。根据滴定的 2,6- 二氯酚靛酚标准溶液的消耗量，可计算出被测物质中维生素 C 的含量。

【器材与试剂】

1. 器材

容量瓶、微量滴定管（3 mL 或 5 mL）、移液管（1 mL 和 10 mL）、锥形瓶（50 mL）

2. 试剂

（1）草酸溶液（20 g/L）。称取 20 g 草酸，用水溶解并定容至 1 L。

（2）抗坏血酸标准溶液（1.000 mg/mL）。称取 100 mg（精确至 0.1 mg）抗坏血酸标准品，溶于草酸溶液并定容至 100 mL。该贮备液在 2~8 ℃避光条件下可保存一周。

（3）2,6- 二氯酚靛酚溶液。称取碳酸氢钠 52 mg 放入烧杯中，加入热蒸馏水 200 mL，溶解后再加入 2,6- 二氯酚靛酚 50 mg，溶解，冷却，用蒸馏水定容至 250 mL，过滤后装入棕色瓶内，放于冰箱中保存。

【实验步骤】

1. 标准抗坏血酸溶液标定

准确吸取 1.000 mg/mL 抗坏血酸标准溶液 1 mL，放入 50 mL 锥形瓶中，加入 20 g/L 草酸溶液 10 mL，摇匀。将 2,6- 二氯靛酚溶液装入滴定管，滴定至粉红色，维持 15 s 不褪色。同时另取 10 mL 草酸溶液做空白实验。

2. 试液制备

称取具有代表性样品的可食部分 100 g，与 100 g 草酸溶液一起放入粉碎机中，迅速捣成匀浆。根据维生素含量准确称取 10~40 g 匀浆样品放入烧杯中，用草酸溶液后，全部转入 100 mL 容量瓶中，定容。若滤液有颜色，可按每克样品加 0.4 g 白陶土脱色后再过滤。❶

3. 滴定

精密量取 10 mL 滤液，置于 50 mL 锥形瓶中，用标定过的 2,6- 二氯酚靛酚溶液滴定，直至溶液呈粉红色 15 s 不褪色为止。同时做空白实验。

【计算】

1. 2,6- 二氯酚靛酚溶液的滴定度计算

$$K = \frac{c \times V}{V_1 - V_0}$$

式中：K——2,6- 二氯酚靛酚溶液质量浓度，mg/mL；

V_1——滴定抗坏血酸标准溶液所消耗 2,6- 二氯靛酚溶液的体积，mL；

V_0——滴定空白所消耗 2,6- 二氯靛酚溶液的体积，mL；

c——抗坏血酸标准溶液的质量浓度，mg/mL；

V——吸取抗坏血酸标准溶液的体积，mL。

2. 每 100 g 试样中维生素 C 的量的计算

$$维生素C的量（mg）= \frac{(V_1 - V_2) \times K \times V}{W \times V_3} \times 100$$

式中：W——称取样品质量，g；

---

❶ 李浩祥，倪学文，徐玮键，等. 魔芋葡甘聚糖/乙基纤维素复合膜对水果保鲜效果的影响[J]. 食品工业科技，2019（7）：249.

V——样品提取液的总体积，mL；

V_1——滴定样品液所用去染料体积，mL；

V_2——滴定空白所用去染料体积，mL；

V_3——样品滴定时所用滤液体积，mL；

K——2,6-二氯酚靛酚溶液的滴定度。

【思考题】

（1）2,6-二氯酚靛酚法能否用于测定果蔬中维生素C的总量？

（2）抗坏血酸标准溶液使用前为什么要进行标定？

实验6-13 果蔬单宁含量的测定

【实验目的】

了解测定果蔬单宁含量的意义，掌握果蔬单宁含量测定原理及方法。

【实验原理】

单宁在果实中对口味有很大的影响，它使某些果实具有涩味和苦味。以没食子酸为主的单宁类化合物在碱性溶液中可将钨钼酸还原成蓝色化合物，该化合物在765 nm处有最大吸收，其吸收值与单宁含量呈正比，以没食子酸为标准物质，标准曲线法定量。[1]

【器材与试剂】

1. 器材

紫外可见分光光度计、组织捣碎机、恒温水浴锅、电子天平、离心机。

2. 试剂及配制

钨酸钠、钼酸钠、磷酸、盐酸、硫酸锂、溴水、75 g/L碳酸钠溶液、一水合没食子酸。

（1）钨酸钠-钼酸钠混合溶液（Folin-Denis）。称取50.0 g钨酸钠，12.5 g钼酸钠，用350 mL水溶解到1 000 mL回流瓶中，加入25 mL磷酸及50 mL盐酸，充分混匀，小火加热回流2 h，再加入75 g硫酸锂、25 mL蒸馏水、数滴溴水，然

---

[1] 鞠春艳,谢春阳,刘春晖.超声波辅助提取臭李子中单宁的响应面工艺优化[J].食品工业,2016,37（17）:194.

后继续沸腾 15 min（至溴水完全挥发为止），冷却后，转入 500 mL 容量瓶定容，过滤，置棕色瓶中保存，使用时稀释 1 倍。原液在室温下可保存半年❶。

（2）1.0 mg/mL 没食子酸标准储备液。准确称取 0.110 0 g 一水合没食子酸，于 100 mL 容量瓶中溶解并定容，摇匀。保存于在冰箱中。

（3）没食子酸标准使用液。精密量取 1.0 mg/mL 没食子酸标准储备液 0.0 mL、1.0 mL、2.0 mL、3.0 mL、4.00 mL 和 5.00 mL 分别放入 6 个 100 mL 容量瓶中，加水定容至刻度，摇匀，溶液质量浓度分别为 0、10 μg/mL、20 μg/mL、30 μg/mL、40 μg/mL 和 50 μg/mL。

【实验步骤】

1. 试样的制备

将果蔬样品取可食部分用干净纱布檫去样本表面的附着物，采用对角线分割法，取对角部分，切碎，充分混匀，按四分法取样，于组织捣碎机中匀浆备用。

2. 单宁的提取

称取果实匀浆 2.0~5.0 g，全部转入 100 mL 容量瓶中，置于沸水浴中提取 30 min，取出，冷却，用水加至容量瓶刻度线，摇匀。吸取 2.0 mL 样品提取液置于离心管中，以 8 000 r/min 离心 4 min，取上清液备用。

3. 标准曲线的绘制

分别吸取 0、10 μg/mL、20 μg/mL、30 μg/mL、40 μg/mL 和 50 μg/mL 没食子酸标准使用液各 1.0 mL，置于 6 支 10 mL 比色管中，再分别向比色管中加入钨酸钠 - 钼酸钠混合溶液 1.0 mL、碳酸钠溶液 3.0 mL，用蒸馏水定容至刻度，混匀。此时溶液中没食子酸质量浓度分别为 0.0、1.0 μg/mL、2.0 μg/mL、3.0 μg/mL、4.0 μg/mL、5..0 μg/mL。放置 2 h，让溶液反应显色，以 0.0 为参比，在 765 nm 波长下测定上述溶液的吸光度值。以没食子酸质量浓度为横坐标，吸光度值为纵坐标，绘制标准曲线。

4. 样品的测定

吸取 1.0 mL 试样提取液置于比色管中，向比色管中依次加入水 5.0 mL，钨酸钠 - 钼酸钠混合溶液 1.0 mL 和碳酸钠溶液 3.0 mL，放置 2 h，让溶液反应显色。在 765 nm 波长下测定样品溶液的吸光度。

---

❶ NY/T 1600—2008 水果、蔬菜及其制品中单宁含量的测定分光光度法

【计算】

试样中单宁（以没食子酸计）的量按下式进行计算

$$W = \frac{c \times 10 \times A}{m}$$

式中：W——试料中单宁的量，mg/kg 或 μg/mL；

　　　m——试样质量或体积，g 或 mL；

　　　c——试样测定液中没食子酸的质量浓度，μg/mL；

　　　A——样品稀释倍数；

　　　10——样测定液定容体积，mL。

【思考题】

（1）在测定果蔬单宁含量时应注意的事项有哪些？

（2）影响测定结果的因素有哪些？应如何处理？

实验 6–14 果蔬中胡萝卜素含量的测定

【实验目的】

掌握高效液相色谱测定胡萝卜素的原理及操作方法。

【实验原理】

试样经皂化使胡萝卜素释放为游离态，用石油醚萃取二氯甲烷定容后，采用反相色谱法分离，外标法定量。

【器材与试剂】

1. 器材

匀浆机、高速粉碎机、恒温振荡水浴箱、旋转蒸发器、氮吹仪、紫外–可见光分光光度计、高效液相色谱仪（HPLC 仪带紫外检测器）。

2. 试剂

（1）α–淀粉酶（酶活力 ≥ 1.5 U/mg）、木瓜蛋白酶（酶活力 ≥ 5 U/mg）。

（2）无水硫酸钠、抗坏血酸、石油醚。沸程 30~60 ℃、2,6- 二叔丁基 -4- 甲基苯酚（$C_{15}H_{24}O$，BHT）。

（3）色谱纯。甲醇、乙腈、三氯甲烷、甲基叔丁基醚、二氯甲烷、无水乙醇、正己烷。

(4)氢氧化钾溶液。称取固体氢氧化钾 500 g，加入 500 mL 水溶解。临用前配制。

(5)α-胡萝卜素标准储备液(500 μg/mL)。准确称取 α-胡萝卜素标准品 50.0 mg（精确到 0.1 mg），加入 0.25 g BHT，用二氯甲烷溶解，转移至 100 mL 棕色容量瓶中定容至刻度。于 –20 ℃以下避光储存，使用期限不超过 3 个月。

(6)β-胡萝卜素标准储备液(500 μg/mL)。准确称取 β-胡萝卜素标准品 50 mg（精确到 0.1 mg），加入 0.25 g BHT，用二氯甲烷溶解，转移至 100 mL 棕色容量瓶中定容至刻度。于 –20 ℃以下避光储存，使用期限不超过 3 个月。

(7)碘乙醇溶液。取 0.5 mol/L 碘溶液 5 mL，用乙醇稀释至 50 mL，混匀。

(8)异构化 β-胡萝卜素溶液。取 10 mL β-胡萝卜素标准储备液于烧杯中，加入 20 μL 碘乙醇溶液，摇匀后于日光下或距离 40 W 日光灯 30 cm 处照射 15 min，用二氯甲烷稀释至 50 mL。摇匀后过 0.45 μL 滤膜，备 HPLC 色谱分析用。

【实验步骤】

1. 胡萝卜素标准储备液

(1)α-胡萝卜素标准储备液(500 μg/mL)标定。α-胡萝卜素标准储备液（质量浓度约为 500 μg/mL）10 μL，注入含 3.0 mL 正己烷的比色皿中，混匀。比色杯厚度为 1 cm，以正己烷为空白，入射光波长为 444 nm，测定其吸光度值，平行测定 3 次，取均值。溶液质量浓度按下式计算

$$\rho_\alpha = \frac{A}{E} \times \frac{3.01}{0.01}$$

式中：ρ_α——α-胡萝卜素标准储备液的质量浓度，μg/mL；

A——α-胡萝卜素标准储备液的紫外吸光值；

E——α-胡萝卜素在正己烷中的比吸光系数为 0.272 5；

3.01，0.01——测定过程中稀释倍数的换算系数。

(2)β-胡萝卜素标准储备液(500 μg/mL)的标定。取 β-胡萝卜素标准储备液 10 μL，注入含 3.0 mL 正己烷的比色皿中，混匀。比色杯厚度为 1 cm，以正己烷为空白，入射光波长为 450 nm，测定其吸光度值，平行测定 3 次，取均值。

溶液质量浓度按下式计算

$$\rho_\beta = \frac{A}{E} \times \frac{3.01}{0.01}$$

式中：ρ_β——β-胡萝卜素标准储备液的质量浓度，μg/mL；

A——β 胡萝卜素标准储备液的吸光值；

E——β 胡萝卜素在正己烷中的比吸光系数为 0.262 0；

3.01，0.01——测定过程中稀释倍数的换算系数。

2. 胡萝卜素标准中间液（100 μg/mL）中间液的配制

由 α-胡萝卜素标准储备液中准确移取 10.0 mL 溶液于 50 mL 棕色容量瓶中，用二氯甲烷定容至刻度。

从 β-胡萝卜素标准储备液中准确移取 10.0 mL 溶液于 50 mL 棕色容量瓶中，用二氯甲烷定容至刻度。

3. 标准工作液的配制

准确移取 α-胡萝卜素标准中间液 0.50 mL、1.00 mL、2.00 mL、3.00 mL、4.00 mL、10.00 mL 溶液至 6 个 100 mL 棕色容量瓶，分别加入 3.00 mL β-胡萝卜素中间液，用二氯甲烷定容至刻度，得到 α-胡萝卜素质量浓度分别为 0.5 μg/mL、1.0 μg/mL、2.0 μg/mL、3.0 μg/mL、4.0 μg/mL、10.0 μg/mL，β-胡萝卜素质量浓度均为 3.0 μg/mL 的系列混合标准工作液。

4. 试样处理

（1）预处理。蔬菜、水果试样用匀质器混匀，准确称取混合均匀的试样 1.000~5.000 g（精确至 0.001 g），转至 250 mL 锥形瓶中，加入 1 g 抗坏血酸、75 mL 无水乙醇，于（60±1）℃水浴振荡 30 min。

如果试样中蛋白质、淀粉含量较高，先加入 1 g 抗坏血酸、15 mL 45~50 ℃温水、0.5 g 木瓜蛋白酶和 0.5 g α-淀粉酶，盖上瓶塞混匀后，置（55±1）℃恒温水浴箱内振荡或超声处理 30 min 后，再加入 75 mL 无水乙醇，于（60±1）℃水浴振荡 30 min。

（2）皂化。加入 25 mL 氢氧化钾溶液，盖上瓶塞。置于已预热至（53±2）℃恒温振荡水浴箱中皂化 30 min，取出，静置，冷却到室温。

（3）试样萃取。在分液漏斗中倒入皂化液，加入萃取剂石油醚 100 mL，振摇后静置，分层。放出水相用另一分液漏斗按上述方法进行第二次萃取。将两次萃取的有机相合并，用水洗到接近中性，再用无水硫酸钠将有机相过滤脱水。将滤液转入蒸发瓶中，置于旋转蒸发器上进行减压浓缩温度控制在（40℃±2）℃。用氮气吹干，精密加入 5.0 mL 二氯甲烷，充分溶解提取物。经 0.45 μm 膜过滤后，收集续滤液备用。

5. 色谱测定

（1）参考色谱条件。

a. 色谱柱。C30 柱，柱长 150 mm，内径 4.6 mm，粒径 5 μm 或等效柱。

b. 流动。A 相为甲醇：乙腈：水 =73.5：24.5：2；B 相为甲基叔丁基醚，各梯度程序见表6-9。

  c. 流速：1.0 mL/min。

  d. 检测波长：450 nm。

  e. 柱温：(30±1)℃。

  f. 进样体积：20 μL。

表6-9 梯度程序

时间/min	0	15	18	19	20	22
A%	100	59	20	20	0	100
B%	0	41	80	80	100	0

  (2) β-胡萝卜素异构体保留时间的确认。分别取100 μg/mL β-胡萝卜素标准中间液和异构化β-胡萝卜素溶液，注入HPLC仪进行色谱分析。根据β-胡萝卜素标准中间液的色谱图确认全反式β-胡萝卜素的保留时间，对比β-胡萝卜素标准中间液和异构化β-胡萝卜素溶液色谱图中各峰面积变化，以及与全反式β-胡萝卜素的位置关系确认顺式β-胡萝卜素异构体的保留时间。全反式β-胡萝卜素前较大的色谱峰为13-顺式-β-胡萝卜素，紧邻全反式β-胡萝卜素后较大的色谱峰为9-顺式-β-胡萝卜素，13-顺式-β-胡萝卜素前是15-顺式-β-胡萝卜素，另外可能还有其他较小的顺式结构色谱峰，色谱图见图6-3。

  (3) 全反式β-胡萝卜素标准液色谱纯度的测定。取3 μg/mL β-胡萝卜素标准工作液，进行HPLC分析，重复进样6次。计算全反式β-胡萝卜素色谱峰的峰面积、全反式与上述各顺式结构的峰面积总和，计算全反式β-胡萝卜素色谱纯度。

  (4) 绘制α-胡萝卜素标准曲线、计算全反式β-胡萝卜素响应因子。将α-胡萝卜素、β-胡萝卜素混合标准工作液注入HPLC仪中，根据保留时间定性，测定α-胡萝卜素、β-胡萝卜素各异构体峰面积。

  α-胡萝卜素根据系列标准工作液浓度及峰面积，以质量浓度为横坐标，峰面积为纵坐标绘制标准曲线，计算回归方程。β-胡萝卜素根据标准工作液标定质量浓度、全反式β-胡萝卜素6次测定峰面积平均值、全反式β-胡萝卜素色谱纯度，计算全反式β-胡萝卜素响应因子。

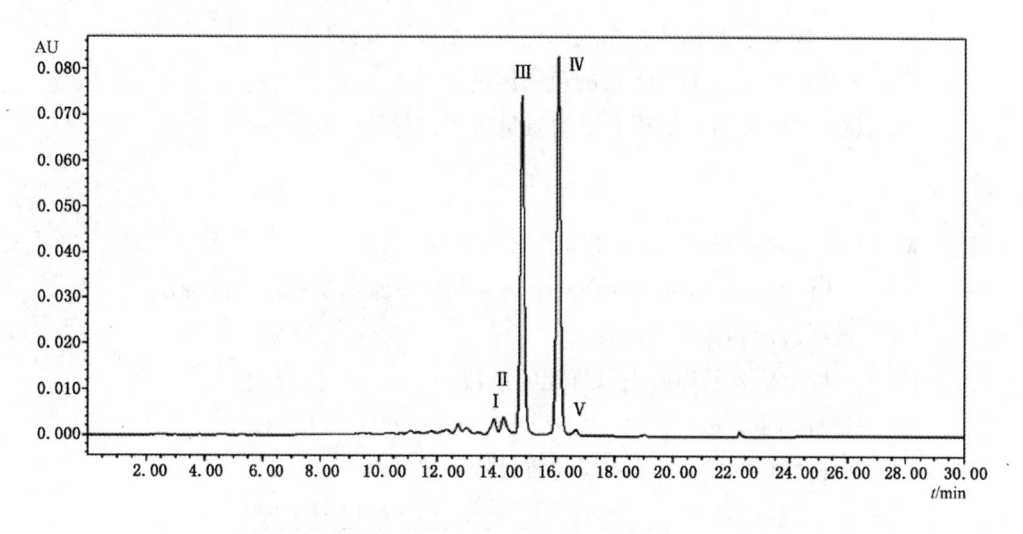

图6-3 α-胡萝卜素和β-胡萝卜素混合标准色谱图

Ⅰ—15-顺式-β-胡萝卜素；Ⅱ—13-顺式-β-胡萝卜素；Ⅲ—全反式α-胡萝卜素；
Ⅳ—全反式β-胡萝卜素；Ⅴ—9-顺式-β-胡萝卜素

（5）试样测定。在相同色谱条件下，将待测液注入液相色谱仪中，以保留时间定性，根据峰面积采用外标法定量。α-胡萝卜素根据标准曲线回归方程计算待测液中α-胡萝卜素质量浓度，β-胡萝卜素根据全反式β-胡萝卜素响应因子进行计算。

【计算】

1. 全反式β-胡萝卜素色谱纯度

$$CP = \frac{\overline{A}_{\text{all-E}}}{A_{\text{SUM}}} \times 100\%$$

式中：CP——全反式β-胡萝卜素色谱纯度，%；

$\overline{A}_{\text{all-E}}$——全反式β-胡萝卜素色谱峰峰面积平均值，AU；

A_{sum}——全反式β-胡萝卜素及各顺式结构峰面积总和平均值，AU。

2. 全反式β-胡萝卜素响应因子

$$RF = \frac{\overline{A}_{\text{all-E}}}{\rho \times CP}$$

式中：RF——全反式β-胡萝卜素响应因子，AU·mL/μg；

$\overline{A}_{\text{all-E}}$——全反式β-胡萝卜素标准工作液色谱峰峰面积平均值，AU；

ρ——β-胡萝卜素标准工作液标定质量浓度，μg/mL；

CP——全反式 β-胡萝卜素的色谱纯度，%。

3. 每 100g 试样中 α-胡萝卜素的质量按下式计算

$$X_\alpha = \frac{\rho_\alpha \times V \times 100}{m}$$

式中：X_α——每 100g 试样中 α-胡萝卜素的质量，μg；

ρ_α——从标准曲线得到的待测液中 α-胡萝卜素质量浓度，μg/mL；

V——试样液定容体积，mL；

100——将结果表示为微克每百克的系数；

m——试样质量，g。

4. 每 100g 试样中 β-胡萝卜素的质量按下式计算

$$X_\beta = \frac{A_{\text{all-E}} + A_{9z} + A_{13z} \times 1.2 + A_{15z} \times 1.4 + A_{xz} \times V \times 100}{RF \times m}$$

式中：X_β——每 100g 试样中 β-胡萝卜素的质量，μg；

$A_{\text{all-E}}$——试样待测液中全反式 β-胡萝卜素峰面积，AU；

A_{9z}——试样待测液中 9-顺式-β-胡萝卜素的峰面积，AU；

A_{13z}——试样待测液中 13-顺式-β-胡萝卜素的峰面积，AU；

1.2——13-顺式-β-胡萝卜素的相对校正因子；

A_{15z}——试样待测液中 15-顺式-β-胡萝卜素的峰面积，AU；

1.4——15-顺式-β-胡萝卜素的相对校正因子；

A_{xz}——试样待测液中其他顺式 β-胡萝卜素的峰面积，AU；

V——试样液定容体积，mL；

100——将结果表示为微克每百克的系数；

RF——全反式 β-胡萝卜素响应因子，AU·mL/μg；

m——试样质量，g。

5. 每 100g 试样中总胡萝卜素的质量按下式计算

$$X_\text{总} = X_\alpha + X_\beta$$

式中：$X_\text{总}$——每 100g 试样中总胡萝卜素的质量，μg；

X_α——每 100g 试样中 α-胡萝卜素的质量，μg；

X_β——每 100g 试样中 β-胡萝卜素的质量，μg。

【注意事项】

（1）胡萝卜素稳定性差，对光敏感，整个实验操作过程应注意避光。

（2）在β-胡萝卜素计算过程中，同一β-胡萝卜素各异构体百分吸光系数不同，所以需采用相对校正因子对结果进行校正。如果试样中其他顺式β-胡萝卜素含量较低，可不进行计算。

（3）本方法参照国标 CB 5009.83—2016。在试样称样量为 5 g 时，α-胡萝卜素浓度、β-胡萝卜素检出限为每 100g 试样中含 0.5 mg，定量限均为每 100g 试样中含 1.5 mg。

（4）对β-胡萝卜素的测定，需要确定β-胡萝卜素异构体保留时间，并对β-胡萝卜素标准溶液色谱纯度进行校正。

【思考题】

（1）本实验操作应注意哪些问题？为什么？
（2）试样中蛋白质、淀粉含量较高时与一般试样前处理有何不同？为什么？

实验 6-15 茶叶中茶多酚的含量的测定

【实验目的】

掌握福林酚试剂比色法测定茶多酚的原理及操作方法，了解茶多酚的作用。

【实验原理】

茶多酚是一种重要的天然抗氧化性物质，是一类儿茶素类为主体的类黄酮化合物，具有 C_6—C_3—C_6 碳骨结构。儿茶素类化合物主要包括儿茶素、没食子儿茶素、儿茶素没食子酸酯和没食子儿茶素没食子酸酯。福林酚试剂是强氧化性，氧化茶多酚中—OH 基团，生成蓝色物质，在一定浓度范围内，此蓝色物质的最大吸收波长为 765 nm，其颜色的深浅与多酚类化合物的含量成正比。因此，用没食子酸做校正标准定量茶多酚。

【器材与试剂】

1. 器材

分析天平、恒温水浴锅、离心机、分光光度计等。

2. 试剂

甲醇、碳酸钠、70% 甲醇水溶液、1 mol/L 福林酚。

（1）7.5% 碳酸钠溶液。称取 37.50 g ± 0.01 g 碳酸钠，加适量水溶解，转移至

500 mL 容量瓶中，定容至刻度，摇匀（室温下可保存 1 个月）。

（2）10% 福林酚试剂。取 1 mol/L 福林酚 20 mL 注入 200 mL 容量瓶中，加蒸馏水定容至刻度，摇匀。此溶液现用现配。

（3）1 000 μg/mL 没食子酸标准储备溶液：称取 0.110 g ± 0.001 g 没食子酸，置于 100 mL 容量瓶中，加蒸馏水溶解，定容至刻度，摇匀，此溶液现配现用。

【实验步骤】

1. 茶多酚的提取

准确称取磨碎的茶叶试样 0.2 g（精确到 0.000 1 g），置于 10 mL 离心管中，加入经 70 ℃水浴预热过的 70% 甲醇水溶液 5mL，用玻璃棒充分搅拌均匀湿润，立即移入 70 ℃水浴锅中，浸提 10 min（隔 5 min 搅拌一次），浸提后冷却至室温，转入离心机在 3 500 r/min 转速下离心 10 min，将上清液转移至 10 mL 容量瓶。残渣再用 5 mL 的 70% 甲醇水溶液提取一次，重复以上操作。合并提取液定容至 10 mL，摇匀，待用。[1]

2. 制作标准曲线

（1）不同没食子酸标准溶液的配制。取 6 个 100 mL 容量瓶，编号，分别注入 0.0、1.0 mL、2.0 mL、3.0 mL、4.0 mL、5.0 mL 的没食子酸标准储备溶液，分别用蒸馏水定容至刻度，摇匀，此时溶液的质量浓度分别为 0、10 μg/mL、20 μg/mL、30 μg/mL、40 μg/mL、50 μg/mL。

（2）显色反应。取 6 支比色管，编号，依次加入上述定容后的各标准溶液 1.0 mL，福林酚试剂 5.0 mL，摇匀，让比色管中的试剂反应 3~8 min，再加入质量分数为 7.5% 的碳酸钠溶液 4.0 mL，最后加蒸馏水定容至刻度，摇匀。室温下放置 60 min。

（3）比色。用 10 mm 比色皿，在 765 nm 波长条件下以标准曲线的零号管为参比，测定 6 支比色管的吸光度值。以没食子酸质量浓度为横坐标，吸光度值为纵坐标绘制标准曲线，从没食子酸标准曲线上求得斜率。

3. 茶多酚含量的测定

用移液管移取提取液 1 mL 于 100 mL 容量瓶中，用水定容至刻度，摇匀，取 1mL 定容后的提取液，按制作标准曲线相同的方法，进行相同反应，在 765 nm 波长条件下用分光光度计测定吸光度。

---

[1] GB/T 8313—2018 茶叶中茶多酚和儿茶素类含量的检测方法。

【计算】

(1) 茶叶中茶多酚的质量分数。

$$C_{TP} = \frac{(A - A_0) \times V \times d \times 100}{\text{SLOPE}_{std} \times w \times 10^6 \times m}$$

式中：C_{TP}——茶多酚质量分数，%；

A——样品测试液吸光度；

A_0——试剂空白液吸光度；

SLOPE_{Std}——没食子酸标准曲线的斜率；

m——样品质量，g；

V——样品提取液体积，mL；

d——稀释因子（通常为 1 mL 稀释成 100 mL，则其稀释因子为 100）；

w——样品干物质的质量分数，%。

(2) 同一样品茶多酚含量的两次测定值相对误差应 ≤ 5%，结果为两次测定值算术平均值，保留小数点后一位。

【思考题】

(1) 茶多酚提取时应注意哪些事项？

(2) 茶多酚的测定除比色法外还有哪些方法？各有什么优缺点？

实验 6-16 高效液相色谱法测定茶叶中儿茶素类的含量

【实验目的】

掌握高效液相色谱法分离测定茶叶中儿茶素类的实验原理及分离技术。

【实验原理】

茶叶磨碎，试样中的儿茶素类用 70% 的甲醇水溶液在 70 ℃ 水浴上提取，儿茶素类的测定用 C18 柱、检测波长 278 nm、梯度洗脱、HPLC 分析，用儿茶素类标准物质外标法直接定量，也可用 ISO 国际环试结果儿茶素类与咖啡因的相对校正因子（RRF_{Std}）来定量。❶

---

❶ GB/T 8313—2018 茶叶中茶多酚和儿茶素类含量的检测方法。

【器材与试剂】

1. 器材

分析天平、水浴、离心机、高效液相色谱仪（包含梯度洗脱、紫外检测器及色谱工作站）。

2. 试剂

乙腈、乙酸、70%甲醇水溶液、10 mg/mL乙二胺四乙酸二钠溶液、10 mg/mL抗坏血酸溶液、0.100 mg/mL没食子酸（GA）储备液。

（1）稳定溶液。将10 mg/mL乙二胺四乙酸二钠（EDTA-2Na）溶液25 mL，10 mg/mL抗坏血酸溶液25 mL，乙腈50 mL分别加入500 mL容量瓶中，稀释后定容至刻度，摇匀。

（2）流动相A。将90 mL乙腈、20 mL乙酸、2 mL EDTA-2 Na溶液依次加入1 000 mL容量瓶中，稀释定容至刻度，摇匀。用0.45 μm膜过滤备用。

（3）流动相B。分别将800 mL乙腈、20 mL乙酸、2 mL EDTA-2Na溶液加入1 000 mL容量瓶中，用水定容至刻度，摇匀。用0.45 μm膜过滤备用。

（4）儿茶素类储备溶液。儿茶素（+C）1.00 mg/mL、表儿茶素（EC）1.00 mg/mL、表没食子儿茶素（EGC）2.00 mg/mL、表没食子儿茶素没食子酸酯（EGCG）2.00 mg/mL、表儿茶素没食子酸酯（ECG）2.00 mg/mL。

（5）标准工作液质量浓度。没食子酸5~25 μm/mL、咖啡因+C 50~150 μm/mL、EC 50~150 μm/mL、EGC 100~300 μm/mL、EGCG 100~400 μm/mL、ECG 50~200 μm/mL（所有标准工作液都用稳定溶液配制）。

【实验步骤】

1. 供试液的提取

准确称取0.200 0 g（精确到0.000 1 g）磨碎的试样置于10 mL离心管中，向离心管中加入经70 ℃预热过的70%甲醇水溶液5 mL，用玻璃棒搅拌后，立即放入70 ℃水浴锅中水浴浸提10 min，每5 min用玻璃棒搅拌一次，浸提后冷却至室温，在3 500 r/min转速下离心10 min，将上清液全部转移到10 mL容量瓶中。残渣再用70%甲醇水溶液5 mL提取一次。将两次提取液合并，定容至刻度线，摇匀，用0.45 μm膜过滤，备用。❶

---

❶ GB/T 8313—2018 茶叶中茶多酚和儿茶素类含量的检测方法。

2. 测定

（1）色谱条件。

液相色谱柱：C18（粒径 5 μm，250 mm×4.6 mm）；

流动相流速：1 mL/min；

柱温：35 ℃；

紫外检测器：λ =278 nm；

进样量：10 μL；

梯度条件：100% A 相保持 10 min

⇩

15 min 内由 100% A 相 ⟹ 68% A 相、32% B 相

⇩

68% A 相、32% B 相保持 10min

⇩

100% A 相。

a. 测试液。用移液管移取提取液 2 mL 于 10 mL 容量瓶中，用稳定溶液定容至刻度，摇匀，过 0.45 μm 膜过滤，待测。

b. 测定。

c. 待流速和柱温稳定后，进行空白运行，准确吸取 10 μL 混合标准系列工作液注射入 HPLC，在相同色谱条件下注射 10 μL 测试液。测试液经峰面积定量。

【计算】

1. 以儿茶素标准物质定量

$$c = \frac{(A-A_0)\times f_{Std} \times V \times d \times 100}{m \times 10^6 \times w}$$

式中：c——儿茶素的质量分数，%；

A——所测样品中被测成分的峰面积，AU；

A_0——所测试剂空白中对应被测成分的峰面积，AU；

f_{Std}——所测成分的校正因子，μg/mL；

m——样品质量，g；

V——样品提取液体积，mL；

d——稀释因子（通常为 2 mL 稀释成 10 mL，则其稀释因子为 5）；
w——样品干物质的质量分数，%。

2. 以咖啡因标准物质定量

$$c = \frac{A \times RRF_{Std} \times V \times d \times 100}{S_{Caf} \times m \times 10^6 \times w}$$

式中：c——儿茶素的质量分数，%；

A——所测样品中被测成分的峰面积，AU；

RRF_{Std}——所测成分相对于咖啡因的校正因子（表 6-10）；

S_{Caf}——咖啡因标准曲线的斜率（峰面积/质量浓度，质量浓度单位为 μg/mL）；

m——样品质量，g；

V——样品提取液体积，mL；

d——稀释因子（通常为 2 mL 稀释成 10 mL，则其稀释因子为 5）；

w——样品干物质的质量分数，%。

表6-10　儿茶素类相对咖啡因的校正因子

名称	GA	EGC	+C	EC	EGCG	ECG
RRF_{Std}	0.84	11.24	3.58	3.67	1.72	1.42

3. 儿茶素总量

$$C(\%) = C_{EGC}(\%) + C_C(\%) + C_{EC}(\%) + C_{EGCG}(\%) + C_{ECG}(\%)$$

【思考题】

（1）本实验过程中应注意哪些问题？为什么？

（2）测定茶叶中儿茶素类物质的意义有哪些？

第四节　农产品中酸的测定

实验 6-17　果蔬有机酸含量的测定

【实验目的】

了解总酸度测定的原理及意义，掌握测定有机酸含量的方法。

【实验原理】

水果和蔬菜中含有苹果酸、草酸、酒石酸、柠檬酸等各种不同的有机酸，不同品种所含的有机酸种类和数量也不同。果汁或菜汁的酸大都是有机弱酸，易溶于水、醇。在一定条件下，可用这些溶剂先将有机酸浸提出来，然后用 NaOH 标准溶液滴定，以酚酞为指示剂，通过消耗的 NaOH 标准溶液的体积计算水果和蔬菜中有机酸的含量。计算时以所测果蔬所含的主要的酸来表示。

【仪器与试剂】

1. 仪器

电子天平、电热恒温水浴锅、研钵、量筒、移液管、烧杯、容量瓶、漏斗、锥形瓶、碱式滴定管等玻璃仪器和滤纸。

2. 试剂

1% 酚酞指示剂、0.1 mol/L NaOH 标准溶液。

3. 实验材料

苹果、梨、香蕉、柑橘等。

【实验步骤】

1. 样品提取

称取 20 g 捣碎均匀的样品置于锥形瓶中，加新煮沸并冷却的蒸馏水 150 mL，放入 80 ℃水浴锅中浸提 30 min，期间不断搅拌。取出冷却，过滤入 250 mL 容量瓶中，加蒸馏水于刻度，混合均匀。

2. 测定

精密吸取 20 mL 滤液置于锥形瓶中，加 2 滴酚酞指示剂，用 0.1 mol/L NaOH 标准溶液滴定至粉红色，持续 30 s 不褪色为终点，记录氢氧化钠溶液消耗量。每个样品重复滴定 3 次，取其平均值。同时做空白实验。

【计算】

$$有机酸质量分数（\%）=\frac{c \times v_1 \times k \times v}{v_0 \times m} \times 100$$

式中：v_1——滴定所消耗的氢氧化钠标准溶液的体积，mL；

v_0——吸取滴定用的样液体积，mL；

v——试样提取总体积，mL；

c——NaOH 标准溶液的浓度，mol/L；

k——各种有机酸换算值数，即 1 mol/L NaOH 相当于主要酸的质量（表 6-11）；

m——试样质量，g。

表6-11　几种有机酸的换算系数（K）

有机酸名称	换算系数	果蔬与制品
苹果酸	0.067	仁果类、核果类水果
结晶柠檬酸（1个结晶水）	0.070	柑橘类、浆果类水果
酒石酸	0.075	葡萄
草酸	0.045	菠菜

【思考题】

（1）本实验中用的蒸馏水不能含有二氧化碳，应如何操作？

（2）对颜色较深的样品应如何处理？

（3）用不同提取剂和方法提取有机酸含量，应如何设计实验？

实验 6-18 酸度计测定肉 pH 值

【实验目的】

掌握酸度计测定肉 pH 的原理和操作方法，学会酸度计的使用。

【实验原理】

屠宰后的牲畜，随着血液及氧供应的停止，肌肉内的糖原因解糖酶的作用，在无氧条件下产生乳酸，致使肉的pH下降。经过24 h后，肉中糖原减少0.42%，pH可从7.2下降至5.6~6.0。当乳酸生成到一定量时，分解糖原的酶逐渐失去活力，而无机磷酸化酶的活力大大增强，开始促使三磷酸腺苷迅速分解，形成磷酸，因而肉的pH可继续下降至5.4。随着时间的延长或保存不当，肉上有大量腐败微生物生长而分解蛋白质，产生胺类、CO_2等，致使肉pH升高。因此检测肉的pH可判定肉的新鲜度。[1]

酸度计是利用原电池的原理工作设计的，一个能指示溶液pH，又称为指示电极，一个为参比电极。在一定温度下，当把它们浸入被测溶液中，此时组成了一个原电池。原电池的两个电极间的电动势与溶液里的氢离子活度（即溶液的pH）存在一定关系。

当溶液的pH发生变化时，电动势的变化符合下列公式

$$\Delta E = -58.16 \times \Delta pH \times (273+t\text{℃})/293$$

式中：ΔE——电动势变化，mV；

ΔpH——溶液中pH变化；

t——被测溶液的温度，℃。

在25℃，溶液中每变化1个pH单位，电位差改变为59.16 mV，这也叫pH斜率，单位用mV/pH或%表示，可以在仪器上直接读出来。

【器材与试剂】

1. 器材

酸度计PHS-3C型、分析天平、刀、容量瓶、磁力搅拌器、绞肉机等。

2 试剂及其配制

（1）邻苯二甲酸氢钾溶液（pH为4.00标准缓冲溶液）。准确称取经110~130℃干燥至恒重的邻苯二甲酸氢钾10.211 g，用水溶解，定容至1 000 mL。不同温度下该缓冲溶液的pH见附录五。

（2）中性磷酸盐溶液（pH 6.88标准缓冲液）。准确称取经110~130℃干燥至恒重的磷酸二氢钾3.402 g和磷酸氢二钠3.549 g，用水溶解，定容至1 000 mL。

---

[1] 赵晓瑞,邱洪流,谢琴.高频人畜禽共患疫病与防疫检疫（模块三动物性食品的检疫检验）[M].银川：宁夏人民出版社,2010。

不同温度下该缓冲溶液的 pH 见附录五。

（3）氯化钾溶液（0.1 mol/L）。称取 7.5 g 氯化钾于 1 000 mL 容量瓶中，加水溶解，稀释至刻度。

【实验步骤】

下面以雷磁 PHS-3C 型计 pH 为例说明其操作规程。

1. 开机前准备

（1）制备待测溶液。取代表性的肉样，切去其表层 1 cm 的薄片，同时除去脂肪、结缔组织、肌腱，然后用绞肉机将肉绞碎。称取绞碎的肉 10 g，放于烧杯中，加煮沸冷却的蒸馏水 100 mL，用磁力搅拌器搅拌均匀，静置 30 min 后过滤备用。

（2）连接好 pH 计的线路，将 pH 复合电极安装好，并将其下端的电极保护套拔下，并且拉下电极上端的橡皮套使其露出上端小孔。

2. 标定

（1）单点标定。将电极插入 pH=6.86 标准缓冲溶液中，测得溶液温度，按温度键设置温度。待读数稳定后按"定位"键，仪器闪烁显示"Std YES"提示，按"确认"键进入标定状态，仪器自动识别该温度下标准缓冲溶液的 pH，按"确认"键完成单点标定。

（2）两点标定。仪器回至 pH 测量状态，将电极清洗后插入 pH=4.00（或 pH=9.18）标准缓冲溶液（注意：选用与待测溶液相近的），待读数稳定后，用温度计测得溶液温度，按温度键进行设置为当前温度，按"确认"键回到测量界面，待读数稳定后按"斜率"键，仪器闪烁显示"Std YES"提示，按"确认"键进入标定状态，仪器自动识别该温度下标准缓冲溶液的 pH，按"确认"键完成两点标定。

3. 测定待测溶液 pH

仪器回至 pH 测量状态，标定结束，电极清洗后可对被测溶液进行测量。

（1）被测溶液与定位溶液温度相同时。先用蒸馏水清洗电极头部，再用被测溶液清洗电极头部，然后把电极浸入被测溶液中，搅拌溶液，使溶液均匀，读出显示屏上溶液的 pH。

（2）被测溶液和定位溶液温度不同时。先用蒸馏水清洗电极头部，再用被测溶液润洗一次，然后用温度计测出被测溶液的温度值，按"温度"键，设置为当前温度。处理完毕后，把电极插入被测溶液，搅拌，直接读出该溶液的 pH。

4. 清洗，归整仪器

仪器使用完后，应将用脱脂棉先后蘸乙醚和乙醇擦拭电极，最后用水冲洗并按生产商的要求保存电极。若电极套内的内参比液较少时，应及时从电极上端小孔加入补充 3 mol/L 氯化钾溶液，以保持电极球泡的湿润。将 Q9 短路插头插入插座，防止灰尘及水汽浸入。

【思考题】

（1）酸度计应怎样维护？
（2）酸度计使用前为什么要标定？
（3）单点标定与两点标定的意义及区别是什么？

实验 6-19 食用植物油酸价测定

【实验目的】

了解油脂的性质，掌握酸价测定的原理和方法。

【实验原理】

食用植物油的酸价是指中和 1 g 油脂中游离脂肪酸所需要的氢氧化钾（或氢氧化钠）的质量（mg），是鉴定植物油质量的重要指标。食用植物油存放在温度过高的环境或长期存放，油中的脂肪会氧化分解产生游离的脂肪酸，使油脂酸败变质。油脂不溶于水，易溶于有机溶剂，因此，用有中性乙醚与异丙醇混合溶剂溶解油样和游离脂肪酸，再用 NaOH（或 KOH）标准溶液滴定，通过指示剂指示终点，读出所消耗的标准滴定液体积，计算得出食用植物油的酸价。

【器材与试剂】

1. 器材

滴定管、分析天平、锥形瓶。

2. 试剂

异丙醇、乙醚、体积分数为 95% 的乙醇、酚酞指示剂、百里香酚酞、碱性蓝 6B 指示剂、0.1 mol/L 或 0.5 mol/L 氢氧化钾或氢氧化钠标准滴定溶液。

【实验步骤】

1. 试样预滴定

根据试样的颜色和估计的酸价，参考表 6-12 规定称量试样，置于锥形瓶中，根据酸价大小加入乙醚 – 异丙醇（1+1）混合液 50~100 mL、加酚酞指示剂 3 滴，充分振摇，让试样全部溶解。用标定过的 NaOH（或 KOH）标准溶液滴定至微红色，且 15 s 内不褪色，即为滴定终点。记录所消耗的标准滴定溶液的体积，计算其酸价。若标准滴定液在 0.2~10 mL，酸价又在表 6-12 称量的酸价范围，则可进一步实验；若不在，则需要进行称样量调整再做预滴定。

表6-12 试样称样表

估计的酸价 /（mg·g⁻¹）	试样的最小称量 /g	使用滴定液的浓度 /（mol·L⁻¹）	试样称重的精确度 /g
0~1	20	0.1	0.05
1~4	10	0.1	0.02
4~15	2.5	0.1	0.01
15~75	0.5~3.0	0.1 或 0.5	0.001
>75	0.2~1.0	0.5	0.001

2. 试样测定

根据预滴定所称的试样量称取待测试样，与预滴定相同的方法进行滴定，记录所消耗的标准滴定溶液的体积。

对于深色的油脂样品，为了滴定终点判定准确，指示剂可用碱性蓝 6B 指示剂，滴定时当颜色由蓝色变红色时，即为滴定终点。同时做空白对照实验。

【计算】

酸价（又称酸值）按照下式的要求进行计算

$$X = \frac{(V - V_0) \times c \times M}{m}$$

式中：X——酸价，mg/g；

V——试样测定所消耗的标准滴定溶液的体积，mL；

V_0——相应的空白测定所消耗的标准滴定溶液的体积，mL；

c——标准滴定溶液的浓度，mol/L；

M——NaOH（或 KOH）的摩尔质量，g/mol；

m——油脂样品的称样质量，g。

【思考题】

（1）油脂酸败氧化的实质是什么？

（2）如果油酸败后还产生了醛和酮，用什么办法检测？

第七章 农产品有毒有害物质分析

实验 7-1 果蔬中亚硝酸盐和硝酸盐的测定

【实验目的】

掌握不同方法测定果蔬亚硝酸盐和硝酸盐的原理和方法。

Ⅰ 分光光度法

【实验原理】

亚硝酸盐采用盐酸萘乙二胺法测定，试样经亚铁氰化钾和乙酸锌沉淀蛋白质、除去脂肪后，在弱酸条件下，亚硝酸盐与对氨基苯磺酸重氮化后，再与盐酸萘乙二胺耦合形成紫红色染料，外标法测得亚硝酸盐含量。

硝酸盐采用镉柱还原法转化为亚硝酸盐间接测定。镉柱将硝酸盐还原成亚硝酸盐，测得亚硝酸盐总量，由测得的亚硝酸盐总量减去试样中亚硝酸盐含量，即得试样中硝酸盐含量。❶

【器材与试剂】

1. 器材

天平（感量为 0.1 mg 和 1 mg）、组织捣碎机、超声波清洗器、恒温干燥箱、分光光度计、镉柱或镀铜镉柱。

（1）海绵状镉。镉粒直径 0.3~0.8 mm。将适量的锌棒放入烧杯中，用 40 g/L

---

❶ GB 5009.33—2016 食品安全国家标准食品中亚硝酸盐与硝酸盐的测定。

硫酸镉溶液浸没锌棒。在 24 h 之内，不断将锌棒上的海绵状镉轻轻刮下。取出残余锌棒，使镉沉底，倾去上层溶液。用水冲洗海绵状镉 2~3 次后，将镉转移至搅拌器中，加 400 mL 盐酸（0.1 mol/L），搅拌数秒，以得到所需粒径的镉颗粒。将制得的海绵状镉倒回烧杯中，静置 3~4 h，期间搅拌数次，以除去气泡。倾去海绵状镉中的溶液，并可按下述方法进行镉粒镀铜。

（2）镉粒镀铜。将制得的镉粒置锥形瓶中（所用镉粒的量以达到要求的镉柱高度为准），加足量的盐酸（2 mol/L）浸没镉粒，振荡 5 min，静置分层，倾去上层溶液，用水多次冲洗镉粒。在镉粒中加入 20 g/L 硫酸铜溶液（每克镉粒约需 2.5 mL），振荡 1 min，静置分层，倾去上层溶液后，立即用水冲洗镀铜镉粒（注意镉粒要始终用水浸没），直至冲洗的水中不再有铜沉淀。

（3）镉柱的装填。如图 7-1 所示，用水装满镉柱玻璃柱，并装入约 2 cm 高的玻璃丝棉做垫，将玻璃丝棉压向柱底时，应将其中所包含的空气全部排出，在轻轻敲击下，加入海绵状镉至 8~10 cm[图 7-1（a）]或 15~20 cm[图 7-1（b）]，上面用 1 cm 高的玻璃棉丝覆盖。若使用（b），则上置一贮液漏斗，末端要穿过橡皮塞与镉柱玻璃管紧密连接。如无上述镉柱玻璃管时，可以用 25 mL 酸式滴定管代替，但过柱时要注意始终保持液面在镉层之上。

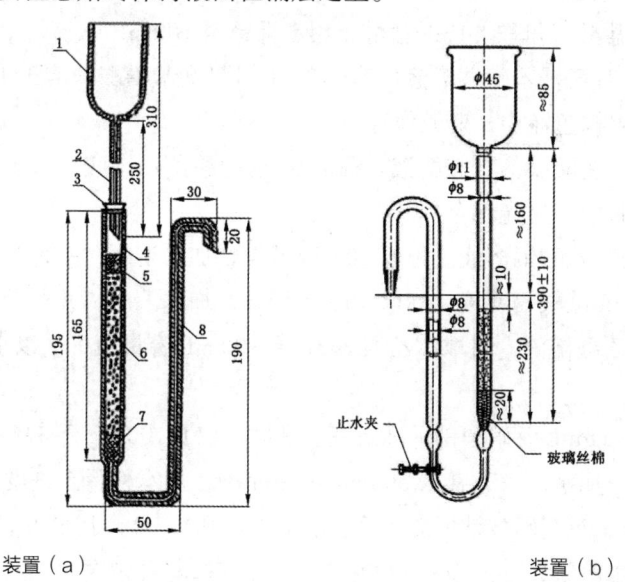

装置（a）　　　　　　　　装置（b）

说明：1—贮液漏斗，内径 35mm，外径 37mm；2—进液毛细管，内径 0.4mm，外径 6mm；3—橡皮塞；4—镉柱玻璃管，内径 12mm，外径 16mm；5—玻璃棉；6—海绵状镉；7—玻璃棉；8—出液毛细管，内径 2mm，外径 8mm。（这个应加上）

图 7-1　镉柱示意图

当镉柱填装好后，先用 25 mL 盐酸（0.1 mol/L）洗涤，再以水洗 2 次，每次 25 mL，镉柱不用时用水封盖，随时都要保持水平面在镉层之上，不得使镉层夹有气泡。

2.试剂及配制

（1）106 g/L 亚铁氰化钾 [$K_4Fe(CN)_6 \cdot 3H_2O$] 溶液。称取 106.0 g 亚铁氰化钾水溶解，并稀释至 1 000 mL。

（2）220 g/L 乙酸锌 [$Zn(CH_3COO)_2 \cdot H_2O$] 溶液。称取 220.0 g 乙酸锌，先加 30 mL 冰乙酸溶解，用水稀释至 1 000 mL。

（3）50 g/L 饱和硼砂溶液。称取 5.0 g 硼酸钠，溶于 100 mL 热水中，冷却后备用。

（4）pH 为 9.6~9.7 氨缓冲溶液。量取 30 mL 盐酸，加 100 mL 水，混匀后加 65 mL 氨水，再加水稀释至 1 000 mL，混匀。调节 pH 至 9.6~9.7。

（5）氨缓冲液的稀释液。量取 50 mL pH 为 9.6~9.7r 氨缓冲溶液，加水稀释至 500 mL，混匀。

（6）0.1 mol/L 盐酸。量取 8.3 mL 盐酸，用水稀释至 1 000 mL。

（7）2 mol/L 盐酸。量取 167 mL 盐酸，用水稀释至 1 000 mL。

（8）20% 盐酸。量取 20 mL 盐酸，用水稀释至 100 mL。

（9）4 g/L 对氨基苯磺酸溶液。称取 0.4 g 对氨基苯磺酸，溶于 100 mL 20% 盐酸中，混匀，置棕色瓶中，避光保存。

（10）2 g/L 盐酸萘乙二胺溶液。称取 0.2 g 盐酸萘乙二胺，溶于 100 mL 水中，混匀，置棕色瓶中，避光保存。

（11）20 g/L 硫酸铜溶液。称取 20 g 硫酸铜，加水溶解，并稀释至 1 000 mL。

（12）40 g/L 硫酸镉溶液。称取 40 g 硫酸镉，加水溶解，并稀释至 1 000 mL。

（13）3% 乙酸溶液。量取冰乙酸 3 mL 于 100 mL 容量瓶中，以水稀释至刻度，混匀。

（14）200 μg/mL 亚硝酸钠标准溶液。准确称取 0.100 0 g 于 110~120 ℃干燥恒重的亚硝酸钠，加水溶解，移入 500 mL 容量瓶中，加水稀释至刻度，混匀。

（15）200 μg/mL 硝酸钠标准溶液。准确称取 0.123 2 g 于 110~120 ℃干燥恒重的硝酸钠，加水溶解，移入 500 mL 容量瓶中，并稀释至刻度。

（16）5.0 μg/mL 亚硝酸钠标准使用液。临用前，吸取 2.50 mL 亚硝酸钠标准溶液，置 100 mL 容量瓶中，加水稀释至刻度。

（17）5.0 μg/mL 硝酸钠标准使用液。临用前，吸取 2.50 mL 硝酸钠标准溶液，置 100 mL 容量瓶中，加水稀释至刻度。

【**实验步骤**】

1. 试样的预处理

将新鲜蔬菜、水果试样用自来水洗净后，用吸水纸将表面的水分吸干，取可食部分用粉碎机制成匀浆，备用。如需加水应记录加水量。

2. 提取

称取 5 g（精确至 0.001 g）匀浆试样，置于 250 mL 具塞锥形瓶中，加 50 g/L 饱和硼砂溶液 12.5 mL，加入 70 ℃ 左右的水约 150 mL，混匀，于沸水浴中加热 15 min，取出用自来水冲洗锥形瓶外壁，冷却至室温。定量转移至 200 mL 容量瓶中，加入 $K_4Fe(CN)_6 \cdot 3H_2O$ 溶液 5 mL，摇匀，再加入 $Zn(CH_3COO)_2 \cdot H_2O$ 溶液 5 mL，以沉淀蛋白质。加水至刻度，摇匀，放置 30 min，除去上层脂肪，上清液用滤纸过滤，弃去初滤液 30 mL，续滤液备用。

3. 亚硝酸盐的测定

取 11 支 50 mL 带塞比色管，编号，按表 7-1 顺序及操作加入各试剂，最后加水至刻度，混匀，静置 15 min，用 1 cm 比色杯，以零管调节零点，于波长 538 nm 处测吸光度，绘制标准曲线进行比较。

表7-1 试剂加入顺序

管号	0	1	2	3	4	5	6	7	8	9	10
5.0 µg/mL 亚硝酸钠标准 /mL	0.00	0.20	0.40	0.60	0.80	1.00	1.50	2.00	2.50	0.00	0.00
相当于亚硝酸钠 / µg	0.0	1.0	2.0	3.0	4.0	5.0	7.5	10.0	12.5	0.00	0.00
样品提取滤液 /mL	0	0	0	0	0	0	0	0	0	40.0	40.0
4 g/L 对氨基苯磺酸溶液 /mL	2	2	2	2	2	2	2	2	2	2	2
混匀，静置 3~5/min											
2 g/L 盐酸萘乙二胺溶液 /mL	1	1	1	1	1	1	1	1	1	1	1

3. 硝酸盐的测定

（1）硝酸钠标准使用液的镉柱还原。镉柱每次使用完毕后，应先以 25 mL 0.1 mol/L 盐酸洗涤，再以水洗 2 次，每次 25 mL，最后用水覆盖镉柱。

吸取 20 mL 硝酸钠标准使用液，加入 5 mL 氨缓冲液的稀释液，混匀后注入贮液漏斗，使流经镉柱还原，洗提液用 100 mL 的容量瓶收集，流量不超过每分钟 6 mL，贮液杯中的液体将要排空时，用 15 mL 水冲洗杯壁 2 次，待水流尽时将贮液杯灌满水，让其以最大流量流过柱子。等容量瓶中的洗提液接近 100 mL 时，取出容量瓶，定容至刻度，振荡混匀。取 10.0 mL 洗提液置于 50 mL 比色管中，按亚硝酸盐的测定方法操作，根据标准曲线计算测得结果。注意：还原效率必须满足大于 95%。还原效率计算公式为

$$X = \frac{m_1}{10} \times 100\%$$

式中：X——还原效率，%；

m_1——测得亚硝酸钠的质量，μg；

10——测定用溶液相当亚硝酸钠的质量，μg。

如果还原率小于 95%，将镉柱中的镉粒倒入锥形瓶中，加入足量的 2 mol/L 盐酸中，振荡数分钟，再用水反复冲洗。

（2）试样滤液的镉柱还原。先用氨缓冲液的稀释液 25 mL 冲洗镉柱，冲洗速度控制在每分钟 3~5 mL（以滴定管代替的可控制在每分钟 2~3 mL）。吸取滤液 20 mL 置于 50 mL 烧杯中，加 5 mL 氨缓冲溶液，混合后转移到贮液漏斗，使流经镉柱还原。当贮液杯中的样液流尽后，加 15 mL 水冲洗烧杯，将洗液倒入贮液杯中。洗液流完后，再重复冲洗操作 1 次。当第二次冲洗水快流尽时，将贮液杯装满水，以最大流速过柱，等容量瓶中的洗提液接近 100 mL 时，取出容量瓶，用水定容刻度，混匀。

（3）亚硝酸钠总量的测定。吸取 10~20 mL 还原后的样液于 50 mL 比色管中。以下按亚硝酸盐的测定操作。

【计算】

1. 亚硝酸盐含量的计算

$$X_1 = \frac{m_2 \times 1\,000}{m_3 \times \dfrac{V_1}{V_0} \times 1\,000}$$

式中：X_1——试样中亚硝酸钠的含量，mg/kg；

m_2——测定用样液中亚硝酸钠的质量，μg；

1 000——转换系数；

m_3——试样质量，g；

V_1——测定用样液体积，mL；

V_0——试样处理液总体积，mL。

结果保留2位有效数字。

2. 硝酸盐含量的计算

$$X_2 = \left(\frac{m_4 \times 1\,000}{m_5 \times \frac{V_3}{V_2} \times \frac{V_5}{V_4} \times 1\,000} - X_1 \right) \times 1.232$$

式中：X_2——试样中硝酸钠的含量，mg/kg；

m_4——经镉粉还原后测得总亚硝酸钠的质量，μg；

1 000——转换系数；

m_5——试样的质量，g；

V_3——测总亚硝酸钠的测定用样液体积，mL；

V_2——试样处理液总体积，mL；

V_5——经镉柱还原后样液的测定用体积，mL；

V_4——经镉柱还原后样液总体积，mL；

X_1——计算出的试样中亚硝酸钠的含量，mg/kg；

1.232——亚硝酸钠换算成硝酸钠的系数。

Ⅱ 离子色谱法

【实验原理】

试样经沉淀蛋白质、除去脂肪后，采用相应的方法提取和净化，以氢氧化钾溶液为淋洗液，阴离子交换柱分离，电导检测器或紫外检测器检测。以保留时间定性，外标法定量。❶

---

❶ GB 5009.33—2016 食品安全国家标准食品中亚硝酸盐与硝酸盐的测定。

【器材与试剂】

1. 仪器和设备

（1）离子色谱仪。配电导检测器及抑制器或紫外检测器，高容量阴离子交换柱，50 μL 定量环。

（2）粉碎机。

（3）超声波清洗器。

（4）分析天平。

（5）离心机。转速≥10 000 r/min，配 50 mL 离心管。

（6）0.22 μm 水性滤膜针头滤器。

（7）净化柱。包括 C18 柱、Ag 柱和 Na 柱或等效柱。

（8）注射器。1.0 mL 和 2.5 mL。

注：所有玻璃器皿使用前均需依次用 2 mol/L 氢氧化钾和水分别浸泡 4 h，然后用水冲洗 3~5 次，晾干备用。

2. 试剂

（1）乙酸溶液（体积分数为 3%）。量取乙酸 3 mL 于 100 mL 容量瓶中，以水稀释至刻度，混匀。

（2）氢氧化钾溶液（体积分数为 1mol/L）。称取 6 g 氢氧化钾，加入新煮沸过的冷水溶解，并稀释至 100 mL，混匀。

（3）亚硝酸盐标准储备液（100 mg/L）。准确称取经 110~120 ℃ 干燥至恒重的亚硝酸钠 0.150 0 g，用水溶解后，用 1 000 mL 容量瓶定容。

（4）硝酸盐标准储备液（1 000 mg/L）。准确称取经 110~120 ℃ 干燥至恒重的硝酸钠 1.371 0 g，用水溶解后，用 1 000 mL 容量瓶定容。

（5）亚硝酸盐和硝酸盐混合标准中间液。准确移取亚硝酸盐标准储备液和硝酸盐标准储备液各 1.0 mL，置于 100 mL 容量瓶中，用水稀释至刻度。此溶液每升含亚硝酸根离子（NO_2^-）1.0 mg 和硝酸根离子（NO_3^-）10.0 mg。

【实验步骤】

1. 试样预处理

将新鲜蔬菜、水果试样用自来水洗净后，用吸水纸吸干，取可食部分，粉碎机制成匀浆，备用。在粉碎过程中如需加水，则应把加水量记录下来。

2. 提取

称取试样 5.000 g（精确至 0.001 g，可适当调整试样的取样量，以下相同），置于 150 mL 具塞锥形瓶中，加入 80 mL 水，1 mL 浓度为 1mol/L 的氢氧化钾溶液，超声提取 30 min，每隔 5 min 振摇 1 次，保持固相完全分散。于 75 ℃水浴中放置 5 min，取出放置至室温，定量转移至 100 mL 容量瓶中，加水稀释至刻度，混匀。溶液经滤纸过滤后，取部分溶液于 10 000 r/min 离心 15 min，上清液备用。

取上述备用溶液约 15 mL，通过 0.22 μm 水性滤膜针头滤器、C18 柱，弃去前面 3 mL（如果氯离子大于 100 mg/L，则需要依次通过针头滤器、C18 柱、Ag 柱和 Na 柱，弃去前面 7 mL），收集后面洗脱液待测。

固相萃取柱使用前需进行活化，C18 柱（1.0 mL）、Ag 柱（1.0 mL）和 Na 柱（1.0 mL），其活化过程为：C18 柱（1.0 mL）使用前依次用 10 mL 甲醇、15mL 水通过，静置活化 30min。Ag 柱（1.0 mL）和 Na 柱（1.0 mL）用 10 mL 水通过，静置活化 30 min。❶

3. 仪器参考条件

（1）色谱柱。氢氧化物选择性，可兼容梯度洗脱的二乙烯基苯 – 乙基苯乙烯共聚物基质，烷醇基季铵盐功能团的高容量阴离子交换柱，4 mm×250 mm（带保护柱 4 mm×50 mm），或性能相当的离子色谱柱。

（2）淋洗液。氢氧化钾溶液，浓度为 6~70 mmol/L；洗脱梯度为 6 mmol/L 30 min，70 mmol/L 5 min，6 mmol/L 5 min；流速为 1.0 mL/min。

（3）抑制器。

（4）检测器。电导检测器，检测池温度为 35 ℃；或紫外检测器，检测波长为 226nm。

（5）进样体积。50 μL（可根据试样中被测离子含量进行调整）。

4. 标准曲线的制作

（1）标准系列工作液的配制。分别取亚硝酸盐和硝酸盐混合标准中间液 2.0 mL、4.0 mL、6.0 mL、8.0 mL、10.0 mL、15.0 mL、20.0 mL 置于 100 mL 的容量瓶中，加水定容至刻度，此时各溶液的亚硝酸根离子质量浓度分别为 0.02 mg/L、0.04 mg/L、0.06 mg/L、0.08 mg/L、0.10 mg/L、0.15 mg/L、0.20 mg/L；硝酸根离子质量浓度分别为 0.2 mg/L、0.4 mg/L、0.6 mg/L、0.8 mg/L、1.0 mg/L、1.5 mg/L、2.0 mg/L。

（2）测定标准工作液色谱图。将标准系列工作液分别注入离子色谱仪中，得到各质量浓度标准工作液色谱图，测定相应的峰高或峰面积，以标准工作液的质量浓度为横坐标，以峰高或峰面积为纵坐标，绘制标准曲线。

5. 试样溶液的测定

将空白和试样溶液注入离子色谱仪中，得到空白和试样溶液的峰高（μS）或

---

❶ GB 5009.33—2016 食品安全国家标准 食品中亚硝酸盐与硝酸盐的测定。

峰面积，根据标准曲线得到待测液中亚硝酸根离子或硝酸根离子的质量浓度。

【计算】

试样中亚硝酸离子或硝酸根离子的含量计算公式

$$X = \frac{(C - C_0) \times V \times f \times 1\,000}{m \times 1\,000}$$

式中：X——试样中亚硝酸根离子（NO_2^-）或硝酸根离子（NO_3^-）的含量数，mg/kg；

C——测定用试样溶液中的亚硝酸根离子（NO_2^-）)或硝酸根离子（NO_3^-）质量浓度，mg/L；

C_0——试剂空白液中亚硝酸根离子（NO_2^-）或硝酸根离子（NO_3^-）的质量浓度，mg/L；

V——试样溶液体积，mL；

f——试样溶液稀释倍数；

1 000——换算系数；

m——试样取样量，g。

【思考题】

（1）离子色谱法与比色法相比，各有什么优缺点？

（2）在比色法中，采用回归方程计算与从校正曲线直接求得亚硝酸盐的含量，各有什么优缺点？

实验 7-2 肉中挥发性盐基氮的测定（GB 5009.228—2016）

【实验目的】

了解测定挥发性盐基氮的意义，掌握挥发性盐基氮测定原理及操作方法。

【实验原理】

挥发性盐基氮（TVB-N）是动物性食品蛋白质在酶和细菌的作用下，使蛋白质分解而产生氨及胺类等挥发性碱性含氮物质。在氧化镁碱性条件下蒸馏，挥发性碱性含氮物质以氨的形式释放出来，用硼酸溶液吸收后，可用盐酸标准滴定溶液或硫酸标准滴定溶液滴定至终点，从而可计算得到挥发性盐基氮含量。相关反应式如下

$$2NH_3 + 4H_3BO_3 \rightarrow (NH_4)_2B_4O_7 + 5H_2O$$

$$(NH_4)_2B_4O_7 + 2HCl + 5H_2O \rightarrow 2NH_4Cl + 4H_3BO_3$$

Ⅰ 半微量定氮法

【器材与试剂】

1. 器材

天平、搅拌机、具塞锥形瓶、半微量定氮装置、吸量管、微量滴定管（10 mL）。

2. 试剂及其配制

氧化镁、硼酸、盐酸或硫酸、1 g/L 甲基红指示剂、1 g/L 溴甲酚绿指示剂或亚甲基蓝指示剂、95% 乙醇、消泡硅油、0.100 0 mol/L 盐酸标准滴定溶液或硫酸标准滴定溶液。

氧化镁混悬液（10 g/L）：称取 10 g 氧化镁，加 1 000 mL 水，振摇成混悬液。

硼酸溶液（20 g/L）：称取 20 g 硼酸，加水溶解后并稀释至 1 000 mL。

0.010 0 mol/L 盐酸标准滴定溶液或硫酸标准滴定溶液：临用前以 0.100 0 mol/L 盐酸标准滴定溶液或 0.100 0 mol/L 硫酸标准滴定溶液配制。

混合指示液：1 份甲基红乙醇溶液与 5 份溴甲酚绿乙醇溶液临用时混合，也可用 2 份甲基红乙醇溶液与 1 份亚甲基蓝乙醇溶液临用时混合。

【实验步骤】

1. 试样处理

肉去除皮、脂肪、骨、筋腱，取瘦肉部分，绞碎搅匀。称取试样 20.000 g，精确至 0.001 g，置于具塞锥形瓶中，准确加入 100.0 mL 水，不时振摇，浸渍 30 min 后过滤。滤液置于冰箱备用。

2. 半微量定氮装置安装

按图 7-2 半微量定氮装置进行安装，装置使用前做清洗和密封性检查。

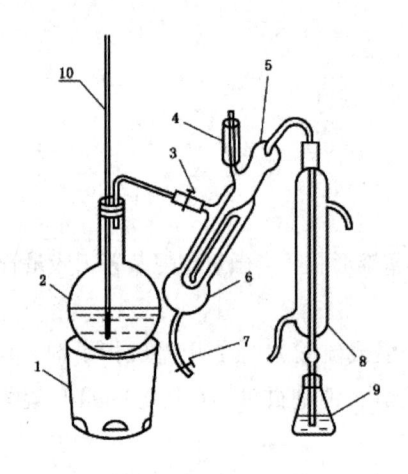

图7-2 半微量定氮装置

1—电炉；2—水蒸气发生器（2 L烧瓶）；3—螺旋夹；4—小玻杯及棒状玻塞；5—反应室；6—反应室外层；7—橡皮管及螺旋夹；8—冷凝管；9—蒸馏液接收瓶；10—安全玻璃管

3. 蒸馏

将装有10 mL硼酸溶液、5滴混合指示液的接收瓶置于冷凝管下端，并将冷凝管下端插入液面下。精密吸取10.0 mL肉样滤液，提起小玻杯中的棒状玻塞，注入定氮装置的反应室中，以10 mL水冲洗小玻杯，立即塞紧棒状玻塞。再吸取5 mL氧化镁混悬液，提起棒状玻塞，注入反应室内，立即将玻塞盖紧，棒状玻塞加水进行水封，以防反应室漏气。夹紧螺旋夹，开始蒸馏。当冷凝管出现第一滴冷凝水时开始计时，蒸馏5 min后，移动接收瓶，使瓶内液面离开冷凝管下口约1 cm，再蒸馏1 min。然后用少量水冲洗冷凝管下端外部，取下接收瓶，准备滴定。

4. 滴定

将0.010 0 mol/L盐酸或硫酸标准滴定溶液装入酸式滴定管中，向接收瓶中的液体滴定，若接收瓶中所加指示剂为1份甲基红乙醇溶液与5份溴甲酚绿乙醇溶液所组成的，终点颜色判定应为紫红色；或所加的指示剂是2份甲基红乙醇溶液与1份亚甲基蓝乙醇溶液所组成的，终点颜色判定应是蓝紫色。

5. 同时做试剂空白实验

【计算】

$$每100g试样中挥发性盐基氮(mg) = \frac{(V_1 - V_2) \times c \times 14}{m \times (V/V_0)} \times 100$$

式中：c——盐酸或硫酸标准滴定溶液的浓度，mol/L；

m——试样质量，g；

V_1——试液消耗盐酸或硫酸标准滴定溶液的体积，mL；

V_2——试剂空白消耗盐酸或硫酸标准滴定溶液的体积，mL；

V——准确吸取的滤液体积，mL；

V_0——样液总体积，mL；

14——1.0 mL 浓度为 1.000 mol/L 盐酸 [c（HCl）] 或硫酸 [c（1/2H$_2$SO$_4$）] 标准滴定溶液相当的氮的质量，g/mol；

100——计算结果换算为毫克每百克（mg/100g）或毫克每百毫升（mg/100mL）的换算系数。

Ⅱ 自动凯氏定氮仪法

【器材与试剂】

1. 器材

天平、搅拌机、自动凯氏定氮仪、蒸馏管（500 mL 或 750 mL）、10.0 mL 吸量管。

2. 试剂

氧化镁、20 g/L 硼酸溶液、0.100 0 mol/L 盐酸或硫酸标准溶液、混合指示液（1 份 1 g/L 甲基红乙醇溶液与 5 份 1 g/L 溴甲酚绿乙醇溶液临用时混合）。

【实验步骤】

1. 试样处理

肉去除皮、脂肪、骨、筋腱，取瘦肉部分，绞碎搅匀。称取绞碎试样 10 g，精确至 0.001 g，于蒸馏管内，加入 75 mL 水，振摇，使试样在样液中分散均匀，浸渍 30 min。

2. 仪器设定

（1）带自动添加试剂、自动排废功能的自动定氮仪，关闭自动排废、自动加碱和自动加水功能，设定加碱、加水体积为 0。

（2）盐酸标准滴定溶液或硫酸标准滴定溶液准溶液浓度设定为 0.100 0 mol/L。

（3）硼酸接收液加入设定为 30 mL。

（4）设定蒸馏时间 180 s 或蒸馏体积 200 mL，以先到者为准。

（5）滴定终点设定：采用自动电位滴定方式判断终点的定氮仪，设定滴定终点 pH 为 4.65。采用颜色方式判断终点的定氮仪，使用混合指示液，30 mL 的硼酸接收液滴加 10 滴混合指示液。❶

3. 测定

按照自动凯氏定氮仪操作说明书的要求操作仪器，在测定前，仪器应先清洗、试运行。首先进行试剂空白测定，取得空白值，然后进行试样测定。

在装有已处理试样的蒸馏管中加入 1 g 氧化镁，立刻连接到蒸馏器上，按照仪器设定的条件和仪器操作说明书的要求开始测定。

测定完毕及时清洗和疏通加液管路和蒸馏系统。

【计算】

$$\text{每100g试样中挥发性盐基氮}(mg) = \frac{(V_1 - V_2) \times c \times 14}{m} \times 100$$

式中：c——盐酸或硫酸标准滴定溶液的浓度，mol/L；

14——滴定 1.000 mol/L 的盐酸或硫酸标准滴定溶液 1.0 mL 相当的氮的摩尔质量，g/mol；

V_1——试液消耗盐酸或硫酸标准滴定溶液的体积，mL；

V_2——试剂空白消耗盐酸或硫酸标准滴定溶液的体积，mL；

m——试样质量，g；

100——换算系数。

Ⅲ 微量扩散法

【实验原理】

挥发性盐基氮可在 37 ℃碱性溶液中释出氨，氨被硼酸吸收后，可用标准酸溶液滴定，计算挥发性盐基氮含量。

【器材与试剂】

1. 器材

天平，搅拌机，300 mL 具塞锥形瓶，1.0 mL、10.0 mL、25.0 mL、50.0 mL 吸

---

❶ 彭杨思,刘培,章骅.肉与肉制品中挥发性盐基氮测定方法的比较[J].食品研究与开发, 2016, 37（4）:152~153.

量管，标准型扩散皿（玻璃质，有内外室，带磨砂玻璃盖），恒温箱，10 mL微量滴定管。

2.试剂

20 g/L硼酸溶液、0.010 0 mol/L盐酸或硫酸标准溶液、碳酸钾、阿拉伯胶、甘油、1 g/L甲基红乙醇溶液、1 g/L溴甲酚绿乙醇溶液、1 g/L亚甲基蓝乙醇溶液。

（1）饱和碳酸钾溶液。称取50 g碳酸钾，加50 mL水，微加热助溶，使用上清液。

（2）水溶性胶。称取10 g阿拉伯胶，加10 mL水，再加5 mL甘油及5 g碳酸钾，研匀。

（3）混合指示液。1份甲基红乙醇溶液与5份溴甲酚绿乙醇溶液临用时混合，也可用2份甲基红乙醇溶液与1份亚甲基蓝乙醇溶液临用时混合。

【实验步骤】

1.试样处理

将肉皮、脂肪、骨、筋腱等除去，取瘦肉部分用绞肉机搅匀。称取20 g绞碎的肉样置于150 mL具塞锥形瓶中，准确加入100.0 mL水，浸渍30 min，在此过程中应不时振摇，让试样在样液中充分分散均匀。过滤，滤液备用。

2.测定

（1）密封处理。先在扩散皿的边缘处用水溶性胶涂抹。

（2）加吸收剂、指示剂及试样。在扩散皿中央内室处加入硼酸溶液1 mL及1滴混合指示剂。在扩散皿外室准确加入试样滤液1.0 mL，盖上磨砂玻璃盖。

（3）检验密封性。从磨砂玻璃盖的凹口开口与扩散皿边缘的缝隙处，透过磨砂玻璃盖观察水溶性胶密封是否严密，若有密封不严密，需重新涂抹水溶性胶。

（4）加碱性溶液。从缝隙处快速加入1 mL饱和碳酸钾溶液，立刻平推磨砂玻璃盖，将扩散皿盖严密，于桌子上以圆周运动方式轻轻转动，使样液和饱和碳酸钾溶液充分混合。

（5）恒温处理。放于（37±1）℃温箱内2 h，取出冷却至室温。

（6）滴定。将扩散皿的盖揭去，用0.010 0 mol/L盐酸或硫酸标准滴定溶液滴定。使用1份甲基红乙醇溶液与5份溴甲酚绿乙醇溶液混合指示液，终点颜色至紫红色。使用2份甲基红乙醇溶液与1份亚甲基蓝乙醇溶液混合指示液，终点颜色至蓝紫色。

（7）同时做试剂空白实验。

【计算】

$$每100g试样中挥发性盐基氮（mg）= \frac{(V_1-V_2)\times c \times 14}{m\times(V/V_0)}\times 100$$

式中：c——盐酸或硫酸标准滴定溶液的浓度，mol/L；

　　　m——试样质量，g；

　　　V_1——试液消耗盐酸或硫酸标准滴定溶液的体积，mL；

　　　V_2——试剂空白消耗盐酸或硫酸标准滴定溶液的体积，mL；

　　　V——准确吸取的滤液体积，mL；

　　　14——滴定 1.0 mL 盐酸 $[c(HCl)=1.000\ mol/L]$ 或硫酸 $[c(1/2H_2SO_4)=1.000\ mol/L]$ 标准滴定溶液相当的氮的摩尔质量，g/mol；

　　　V_0——样液总体积，mL；

　　　100——换算系数。

【注意事项】

（1）半微量定氮法，当称样量为 20.0 g 时，检出限为每 100 g 称样量检出 0.18 mg；当称样量为 10.0 g 时，检出限为每 100 g 称样量检出 0.35 mg。

（2）自动凯氏定氮仪法，当称样量为 10.0 g 时，检出限为每 100 g 称样量检出 0.04 mg。

（3）微量扩散法，当称样量为 20.0 g 时，检出限为 1.75 mg/100 g；当称样量为 10.0 g 时，检出限为每 100 g 称样量检出 3.50 mg。

【思考题】

（1）测定肉中挥发性盐基氮三种方法各有什么优缺点？

（2）测定肉中挥发性盐基氮应注意些什么？

（3）挥发性盐基氮产生的机制有哪几类？

实验7-3 水产品中甲醛含量的测定（SC/T 3025—2006）

【实验目的】

了解水产品中甲醛含量的意义，掌握测定水产品甲醛含量的原理及测量方法。

Ⅰ 分光光度法

【实验原理】

在磷酸介质中,水产品中的甲醛经水蒸气加热蒸馏出来,冷凝后经水溶液吸收,在 pH=6 的乙酸-乙酸铵缓冲液中与乙酰丙酮显色剂作用,在沸水浴条件下迅速生成黄色的二乙酰基二氢二甲基吡啶,用分光光度计在 413 nm 处比色测得吸光度,外标法定量。

【器材与试剂】

1. 主要仪器

分光光度计、组织捣碎机、圆底烧瓶、容量瓶、纳氏比色管、调温电热套或电炉蒸馏液冷凝、接收装置。

2. 试剂及其配制

磷酸溶液(1+9)、乙酰丙酮、冰乙酸、乙酸铵、0.1 mol/L 碘溶液、1 mol/L NaOH 溶液。硫酸溶液(1+9)、0.1 mol/L 硫代硫酸钠标准溶液、质量分数为 0.5% 的淀粉溶液、5 μg/mL 甲醛标准溶液

(1)乙酰丙酮显色剂。准确称取 25 g 乙酸铵,溶于 100 mL 蒸馏水中,加 3 mL 冰乙酸和 0.4 mL 乙酰丙酮,混匀,贮存于棕色瓶。

(2)0.1 mol/L 碘溶液。称取 40 g 碘化钾,溶于 25 mL 水中,加入 12.7 g 碘,待碘完全溶解后,加水定容至 1 000 mL,移入棕色瓶中,暗处贮存。

(3)质量分数为 0.5% 的淀粉溶液。此液应当日配置。

【实验步骤】

1. 取样

水产品类型较多,按保存条件可分为鲜活水产品、冰冻水产品、干制水产品、水发水产品。针对不同类型,采样的方法有所不同。为了保证取样具有代表性,真实反映测定结果,对鲜活水产品和干制水产品取其可食部分的肌肉进行测定。蟹类去壳、去性腺和肝脏后取肉;虾去头、去壳、去肠腺后取肉;贝类去壳后取肉;鱼类去头、去鳞,取背部和腹部肌肉。冷冻水产品经半解冻直接取样。水发水产品根据测定项目不同可将样品沥水后,取可食部分,也可直接取其水发溶液。

2. 样品处理

将取得的样品，用组织捣碎机捣碎，混合均匀后称取 10.00 g，置于 250 mL 圆底烧瓶中。

3. 蒸馏

安装好蒸馏装置，在蒸馏装置的接收管下放上盛有 20 mL 蒸馏水的 200 mL 的容量瓶，并把容量瓶置于冰水浴中。向圆底烧瓶中加入 20 mL 蒸馏水，搅拌混匀，浸泡 30 min 后，加磷酸（1+9）溶液 10 mL，立即通入水蒸气蒸馏。控制流速，蒸馏 1.5~2 h 时，收集的蒸馏液体积到达 200 mL，蒸馏结束。同时做空白对照实验。

4. 标准曲线的绘制

取 20 mL 纳氏比色管 6 支，编号，按表 7-2 的取用量加入到比色管中，再向 6 支比色管中分别加入 1mL 乙酰丙酮显色剂，混合均匀，用橡皮筋捆绑放入沸水浴中，加热 10 min，取出用水冷却至室温；以零号管为参比，于波长 413 nm 处，分别将 6 支比色管中的溶液用 1 cm 比色皿进行比色，测定其吸光度，以甲醛标准溶液质量浓度为横坐标，吸光度值为纵坐标，绘制标准曲线。

表7-2 甲醛标准曲线甲醛不同质量浓度标准溶液

管号	0	1	2	3	4	5
5.0 μg/mL 甲醛标准溶液 /mL	0.0	2.0	4.0	6.0	8.0	10.0
加水 /mL	10.0	8.0	6.0	4.0	2.0	0.00
上述溶液混合后甲醛质量 / μg	0.0	10.0	20.0	30.0	40.0	50.0

4. 样品测定

根据样品蒸馏液中甲醛浓度的高低，吸取蒸馏液 1~10 mL，不足 10 mL 用蒸馏水补充至 10 mL，操作过程与标准曲线绘制相同，记录样液的吸光度值。

【计算】

1. 样品中甲醛的含量

$$X_2 = \frac{\rho_2 \times 10}{m_2 \times V_2} \times 200$$

式中：X_2——样品中甲醛含量，mg/kg；

m_2——样品质量，g；

V_2——样品测定所取蒸馏液的体积，mL；

ρ_2——从标准曲线查得甲醛标准溶液的含量浓度，μg/mL；

10——显色溶液总体积，mL；

200——蒸馏液总体积，mL。

2. 在重复性条件下获得两次独立测定结果

样品中甲醛含量≤5 mg/kg时，相对偏差≤10%；样品中甲醛含量>5 mg/kg时，相对偏差≤5%。

Ⅱ 高效液相色谱法

【实验原理】

甲醛在酸性条件下与2,4-二硝基苯肼在60 ℃水浴衍生化生成2,4-二硝基苯腙，经二氯甲烷反复分离提取后，再经无水硫酸钠脱水，水浴蒸干，甲醇溶解残渣。ODS-C$_{18}$柱分离，紫外检测器338 nm检测，以保留时间定性，根据峰面积定量，测定甲醛含量，甲醛溶液高效液相色谱图见图7-3。

【器材与试剂】

1. 器材

高效液相色谱，附紫外检测器、高速离心机、10 mm×150 mm具塞玻璃层析柱、恒温水浴锅、旋涡混合器、移液器（1 mL）、微量进样器（20 μL）、5 mL具塞比色管、0.22 μm滤膜。

2. 试剂及其配制

（1）甲醇。色谱纯，经过滤、脱气后使用。

（2）二氯甲烷。

（3）2,4-二硝基苯肼溶液。称取100 mg 2,4-二硝基苯肼溶解于24 mL浓盐酸中，加水定容至100 mL。

（4）甲醛标准贮备溶液。配制及标定同分光光度法，临用时稀释至20 μg/mL。

（5）无水硫酸钠。经550 ℃高温灼烧，干燥器中贮存冷却后使用。

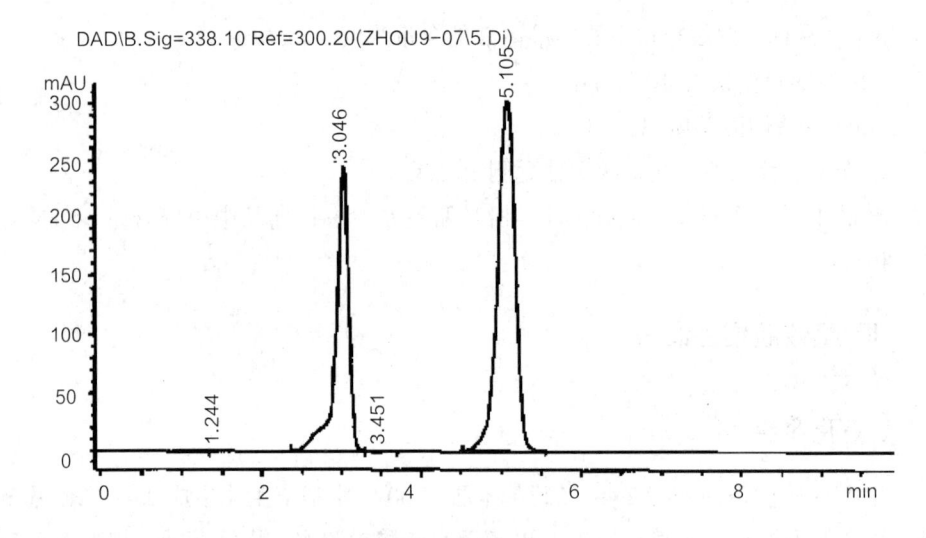

图 7-3　甲醛标准溶液高效液相色谱图

【实验步骤】

1. 制备甲醛蒸馏液

（1）样品处理。将取得的样品，用组织捣碎机捣碎成匀浆，混合均匀。称取 10.00 g 匀浆样品，放入 250 mL 圆底烧瓶中。

（2）蒸馏。安装好蒸馏装置，在蒸馏装置的接收管下放上盛有 20 mL 蒸馏水的 200 mL 的容量瓶，并把容量瓶置于冰水浴中。向圆底烧瓶中加入 20 mL 蒸馏水，搅拌混匀，浸泡 30 min 后，加磷酸（1+9）溶液 10 mL，立即通入水蒸气蒸馏。控制流速，蒸馏 1.5~2 h 时，收集的蒸馏液体积到达 200 mL，蒸馏结束。同时做空白对照实验。

2. 制备甲醛色谱分析液

取制备水蒸气蒸馏液 0.1~1.0 mL，置于 5 mL 具塞比色管中，补充蒸馏水至 1.0 mL，加入 0.2 mL 2,4-二硝基苯肼溶液，置 60 ℃ 水浴 15 min，然后在流水中快速冷却，加入 2 mL 二氯甲烷，旋涡混合器振荡萃取 1 min，3 000 r/min，离心 2 min，取上清液再用 1 mL 二氯甲烷萃取两次，合并 3 次萃取的下层黄色溶液，将萃取液经无水硫酸钠柱脱水，60 ℃ 水浴蒸干，放冷，取 1.0 mL 色谱纯甲醇溶解残渣，经孔径 0.22 μm 滤膜过滤后做液相色谱分析用。❶

---

❶ 马敬军,周德庆,柳淑芳,等.二硝基苯肼衍生-高效液相色谱法测定水产品中甲醛含量的研究[J].海洋水产研究,2005（1）:28-31.

3. 色谱条件

（1）色谱柱：ODS-C$_{18}$柱，5μm，4.6 nm×250 nm。

（2）色谱柱温度：40 ℃。

（3）流动相：甲醇+水（60%+40%），0.5 mL/min。

（4）检测器波长：338 nm。

4. 标准曲线的绘制

取6支具塞比色管（规格为5 mL）分别精密注入20 μg/mL的甲醛使用液0.0、0.1 mL、0.25 mL、0.5 mL、0.75 mL、1.0 mL，加蒸馏水至1.0 mL，此溶液中所含甲醛的量分别为0，2 μg，5 μg，10 μg，15 μg，20 μg。按制备甲醛色谱分析液方法处理后分别取20 μL进样。根据出现时间定性（5.1 min），峰面积定量，每个质量浓度做2次，取平均值，用峰面积与甲醛含量作图，绘制标准曲线。取样品处理液20 μL注入液相色谱测得积分面积后从标准曲线查出相应的浓度。

【计算】

1. 样品中甲醛的含量

$$X_3 = \frac{C_3}{M_3 \times V_3} \times 200$$

式中：X_3——水产品中甲醛含量，mg/kg；

C_3——查曲线结果，μg/mL；

M_3——样品质量，g；

V_3——样品测定取蒸馏液的体积，mL；

200——蒸馏液总体积，mL。

2. 计算结果保留两位小数

在重复性条件下获得两次独立测定结果中样品中甲醛含量≤5 mg/kg时，相对偏差≤10%；样品中甲醛含量>5 mg/kg时，相对偏差≤5%。

【思考题】

（1）两种方法测定水产品中甲醛的含量各有什么优缺点？

（2）影响测定水产品中甲醛含量的因素有哪些？应怎样处理？

实验 7-4 水产品中组胺含量的测定（GB 5009.208—2016）

【实验目的】

掌握利用分光光度计测定水产品中组胺的原理和操作方法。

【实验原理】

组胺是一种生物胺，水产品中的组胺与其腐败过程有密切的关系，主要是机体中的组氨酸是在微生物所产生的组氨酸脱羧酶作用下产生的。当水产品受到一些微生物污染，会产生大量的组胺。水产品中的组胺以三氯乙酸为提取溶液，振摇提取，经正戊醇萃取净化，组胺与偶氮试剂发生显色反应后，分光光度计测定其吸光度值，外标法定量。

【器材与试剂】

1. 器材

可见分光光度计、分析天平、容量瓶等。

2. 试剂及其配制

100 g/L 三氯乙酸溶液、正戊醇、250 g/L 氢氧化钠溶液、50 g/L 碳酸钠溶液、盐酸（1+11）、5 g/L 亚硝酸钠溶液。

（1）偶氮试剂。由 5 mL 甲液和 5 g/L 亚硝酸钠溶液 40 mL 临用时混合而成。甲液配制方法为：称取 0.625 g 对硝基苯胺，加 6.25 mL 盐酸溶液溶解，再加水稀释定容至 250 mL。

（2）1.0 mg/mL 磷酸组胺标准贮备液。磷酸组胺置于（100±5）℃干燥 2 h，取出放于干燥器中冷却，准确称取 0.276 7 g，用水溶解，用 100 mL 容量瓶定容，混匀。

（3）20 μg/mL 磷酸组胺标准使用液。吸取 1.0 mL 磷酸组胺标准贮备液，置于 50 mL 容量瓶中，加水稀释至刻度。

（4）100 g/L 三氯乙酸溶液。称取 50 g 三氯乙酸于 250 mL 烧杯中，用适量水完全溶解后转移至 500 mL 容量瓶中，定容至刻度。保存期为 6 个月。

（5）50 g/L 碳酸钠溶液。称取 5 g 碳酸钠于 100 mL 烧杯中，用适量水完全溶解后转移至 100 mL 容量瓶中，定容至刻度。保存期为 6 个月。

（6）250 g/L 氢氧化钠溶液。称取 25 g 氢氧化钠于 100 mL 烧杯中，用适量水完全溶解后转移至 100 mL 容量瓶中，定容至刻度。保存期为 3 个月。

【实验步骤】

1. 样品处理

取鲜活水产品的可食部分约 500 g 代表性样品，用组织捣碎机充分捣碎，混匀，准确称取 10.00 g（精确至 0.01 g），置于 100 mL 具塞锥形瓶中，加入 20 mL 三氯乙酸溶液（100 g/L），在 60 ℃水浴中浸提 30 min，过滤。

2. 正戊醇萃取

精密吸取滤液 2.0 mL 注入分液漏斗中，滴加氢氧化钠溶液调节分液漏斗溶液的 pH，当 pH 达到 10~12 时，往分流漏斗中加入 3 mL 正戊醇，充分振摇混合均匀，静置 5 min，分上下两层，上层为正戊醇提取液，将其转移至 10 mL 刻度试管中。再用正戊醇重复萃取提取水层 3 次，合并提取液，最后用正戊醇稀释至 10 mL 刻度。

3. 盐酸反萃取

精密吸取 2.0 mL 正戊醇提取液置于分液漏斗中，加入 3 mL 盐酸（1+11）溶液振摇提取，静置 5 min，分层，将下层盐酸提取液转移至 10 mL 刻度试管中。重复提取操作 3 次，合并提取液，并用盐酸溶液稀释至刻度。

4. 标准曲线的绘制

取 6 支 10 mL 的比色管，编号，分别加 20 μg/mL 磷酸组胺标准使用液 0、0.20 mL、0.40 mL、0.60 mL、0.80 mL、1.0 mL，分别加水 1.0 mL、0.8 mL、0.6 mL、0.4 mL、0.2 mL、0.0，此时溶液组胺质量为 0、4.0 mg、8.0 mg、12.0 mg、16.0 mg、20.0 μg。再分别依次加入 1 mL 盐酸溶液、3 mL 碳酸钠溶液、3 mL 偶氮试剂，混匀，放置 10 min。用 1 cm 比色皿、零号比色管作为参比，在波长 480 nm 处分别测定其吸光度值。以组胺的质量为横轴，吸光度 A 为纵轴，绘制标准曲线。

5. 试液测定

取 2.0 mL 提取液置于 10 mL 的比色管中，按上述标准曲线操作方法进行，测得试液的吸光值。

【计算】

每 100g 试样中组胺的质量

$$X = \frac{m_1 V_1 \times 10 \times 10}{m_2 \times 2 \times 2 \times 2} \times \frac{100}{1000}$$

式中：X——每 100 试样中组胺的质量，mg；

m_1——试样中组胺的吸光度值对应的组胺质量，μg。

V_1——加入三氯乙酸溶液的体积，mL。

10——第一个是正戊醇提取液的体积，mL；第二个是盐酸提取液的体积，mL；

m_2——取样量，g。

2——第一个是三氯乙酸提取液的体积，mL；第二个是正戊醇提取液的体积，mL；第三个是盐酸提取液的体积，mL。

100，1 000——换算系数。

【思考题】

（1）影响组胺含量测定准确性的因素有哪些？

（2）在组胺与偶氮试剂的反应中，酸碱度控制不当会给实验结果造成怎样的影响？

实验 7-5 农产品中镉的测定（GB 5009.15—2014）

【实验目的】

熟悉原子吸收分光光度计的使用方法，掌握重金属镉含量测定的原理及操作技术。

【实验原理】

试样经灰化或酸消解后，注入一定量样品消化液于原子吸收分光光度计石墨炉中，电热原子化后吸收 228.8 nm 共振线，在一定浓度范围内，其吸光度值与镉含量成正比，采用标准曲线法定量。

【器材与试剂】

1. 器材

电子天平、原子吸收分光光度计（附石墨炉）、镉空心阴极灯、可调温式电热板、可调温式电炉、马弗炉、微波消解系统、恒温干燥箱。

2. 试剂及其配制

1% 硝酸（优级纯）、盐酸（优级纯）(1+1)、高氯酸（优级纯）、30% 过氧化氢、磷酸二氢铵、金属镉（Cd）标准品。

（1）硝酸-高氯酸混合溶液（9+1）。9 份硝酸与 1 份高氯酸混合。

（2）磷酸二氢铵溶液（10 g/L）。称取 10.0 g 磷酸二氢铵，用 10 mL 硝酸溶液（1%）溶解后定量移入 1 000 mL 容量瓶，用硝酸溶液（1%）定容至刻度。

（3）1 000 mg/L 镉标准储备液。准确称取 1g 金属镉标准品置于小烧杯中，分次加 20 mL 盐酸溶液（1+1）溶解，加 2 滴硝酸，全部转入到 1 000 mL 容量瓶中，用水定容至刻度，混匀。

（4）100 ng/mL 镉标准使用液。吸取镉标准储备液 10.0 mL 于 100 mL 容量瓶中，用 1% 硝酸溶液定容至刻度，混匀，每毫升该溶液含镉 100.0 ng。

（5）镉标准曲线工作液。准确吸取 100 ng/mL 镉标准使用液 0、0.50 mL、1.0 mL、1.5 mL、2.0 mL、3.0 mL 置于 100 mL 容量瓶中，用 1% 硝酸溶液定容至刻度，混匀后每一种标准溶液中镉质量浓度分别为 0、0.50 ng/mL、1.0 ng/mL、1.5 ng/mL、2.0 ng/mL、3.0 ng/mL。

【实验步骤】

1. 试样制备

将试样中的非可食部分去掉，取可食部分进行处理。若是固体，则磨碎成均匀的样品，颗粒度要求不大于 0.425 mm；若是鲜（湿）试样，则用食品加机打成匀浆或碾磨成匀浆；若是液态试样可直接备用。

2. 试样消解。试样的消解有很多方法，可根据自己实际实验室条件选用以下一种方法消解。消解应在通风良好的通风橱内进行。对含油脂多的样品，最好采用干法消化。下面介绍几种消解法。

（1）干法灰化。称取干试样 0.3~0.5 g 或鲜（湿）试样 1~2 g 或液态试样 1~2 g 置于瓷坩埚中，在可调式电炉上先小火炭化至无烟，再转移到 500 ℃ 马弗炉灰化 6~8 h，呈浅灰色或灰白色；放冷，用 1% 硝酸溶液溶解灰分，将溶液转移到 10 mL 比色管或 25 mL 容量瓶中，并用硝酸溶液洗涤瓷坩埚 3 次，洗液全部转入容量瓶中，用硝酸溶液定容至刻度，混匀备用。同时做试剂空白实验。

（2）湿式消解法。称取干试样 0.3~0.5 g 或者鲜（湿）试样 1~2 g 置于锥形瓶中，在锥形瓶中加入数粒玻璃珠、10 mL 硝酸 – 高氯酸混合溶液（9+1），加盖浸泡过夜，然后取下盖子，在锥形瓶上加一小漏斗，置于电热板上消化。当瓶中液体变棕黑色时，再加硝酸，直至冒白烟，最终消化液呈略带微黄色或无色透明；放冷后将消化液全部转移到 10 mL 比色管或 25 mL 容量瓶中，用硝酸溶液洗涤锥形瓶 3 次，洗液全部转入容量瓶中，定容至刻度，混匀备用。同时做试剂空白实验。

（3）微波消解。称取干试样 0.3~0.5 g 或者鲜（湿）试样 1~2 g，置于微波消解罐中，加 5 mL 硝酸和 2 mL 过氧化氢。根据仪器型号把微波消化程序调至最佳条件。消解完毕后，等消解罐冷却后打开，消化液呈无色或淡黄色，将消化液全部转移到 10 mL 比色管或 25 mL 容量瓶中，用硝酸溶液洗涤锥形瓶 3 次，洗液全部转入容量瓶中,定容至刻度,混匀备用。同时做试剂空白实验。

3. 原子吸收分光光度计仪器参数设置

按仪器说明书调节设置好相关参数。

4. 标准曲线的制作

将 0、0.50 ng/mL、1.0 ng/mL、1.5 ng/mL、2.0 ng/mL、3.0 ng/mL 镉标准溶液依次各取 20 μL 注入石墨炉,测其吸光度值,以镉标准溶液的质量浓度为横坐标,相应的吸光度值为纵坐标,绘制标准曲线,求得吸光度值与质量浓度关系的一元线性回归方程。

如果有自动进样装置,可用程序稀释来配制标准系列。

5. 试样溶液的测定

吸取 20 μL 样品消化液,注入石墨炉,测其吸光度值。

6. 基体改进剂的使用

对有干扰的试样,在注入石墨炉时绘制标准曲线的溶液和样品消化液进样时可以加 5 μL 10 g/L 磷酸二氢铵溶液基体改进剂。

【计算】

$$试样中镉含量（mg/kg）= \frac{(c_1 - c_0) \times V}{m \times 1\,000}$$

式中：c_1——试样消化液中镉含量,mg/kg；

c_0——空白液中镉质量浓度,mg/mL；

V——试样消化液定容总体积,mL；

m——试样质量或体积,g 或 mL；

【思考题】

（1）原子吸收分光光度计使用时应注意的事项有哪些？

（2）本实验所使用的基体改进剂有什么作用？

实验 7-6 蔬菜中氨基甲酸酯类农药残留量测定（GB/T 5009.104—2003）

【实验目的】

了解氨基甲酸酯类农药的来源及危害,掌握气相色谱法测定氨基甲酸酯类农药残留量的原理和方法。

【实验原理】

氨基甲酸酯类农药的结构中含有一个 N-甲基基团，难溶于水，易溶于丙酮、二氯甲烷、氯仿、乙腈等，在碱性和高温条件下很容易水解。氨基甲酸酯类农药被色谱柱分离后含氮有机化合物在加热的碱金属片的表面发生分解，形成氰自由基，并且从被加热的碱金属表面放出的原子状态的碱金属（Rb）接受电子变成 CN^-，再与氢原子结合。放出电子的碱金属变成正离子，由收集极收集，并作为信号电流而被测定。电流信号的大小与含氮化合物的含量成正比，以峰面积或峰高比较定量。[1]

【器材与试剂】

1. 器材

气相色谱仪（火焰热离子检测器 FTD）、组织捣碎机、电动振荡器、具塞三角烧瓶、恒温水浴锅、减压浓缩装置、分液漏斗、量筒、抽滤瓶、布氏漏斗。

2. 试剂及其配制

无水硫酸钠、丙酮、无水甲醇、二氯甲烷、石油醚、50 g/L 氯化钠溶液、速灭威（tsumacide）、异丙威（MIPC）、残杀威（propoxur）、克百威（carbofuran）、抗蚜威（pirimicarb）、甲萘威（carbaryl）。

（1）甲醇-氯化钠溶液。取无水甲醇及 50 g/L 氯化钠溶液等体积混合。

（2）氨基甲酸酯杀虫剂标准储备液（1 mg/mL）。分别准确称取 0.25 g 速灭威、异丙威、残杀威、克百威、抗蚜威及甲萘威各种标准品，注入 250 ml 容量瓶中，用丙酮分别稀释定容而得。

（3）氨基甲酸酯杀虫剂标准使用（5 μg/mL）。分别取一定量的 1 mg/mL 氨基甲酸酯杀虫剂标准储备液用丙酮稀释配制成单一品种的标准使用液。

混合标准工作液：每个品种质量浓度为 2~10 μg/mL。

【实验步骤】

1. 试样的制备

取蔬菜去掉非食部分后，剁碎或经组织捣碎机捣碎制成蔬菜试样。

2. 提取

称取 20 g 蔬菜试样，置于 250 mL 具塞锥形瓶中，在瓶中加入 80 mL 无水甲

---

[1] GB/T 5009.104—2003 植物性食品中氨基甲酸酯类农药残留量的测定。

醇，瓶塞塞紧，置于振荡器上振荡 30 min；然后用快速滤纸的布氏漏斗抽滤，滤液于 250 mL 抽滤瓶中，用无水甲醇洗涤提取瓶及滤器 3 次，将滤液全部合并于 500 mL 分液漏斗中，用 50 g/L 氯化钠水溶液 100 mL 分次洗涤滤器，洗液全部并入 500 mL 分液漏斗中。

3. 净化

在上述 500 mL 分液漏斗中加入石油醚 50 mL，置于振荡器上振荡 1 min，静置分层，将下层（甲醇-氯化钠液）转移到第二个 500 mL 分液漏斗中，再一次加入 50 mL 石油醚，振摇 1 min，静置分层，将下层（甲醇-氯化钠液）转入第三个 500 mL 分液漏斗中。然后用 25 mL 甲醇-氯化钠溶液依次反洗前面两个分液漏斗中的石油醚层，每次振摇 30 s，最后将甲醇-氯化钠液全部转入第三个分液漏斗中。

4. 浓缩

向净化液的分液漏斗中，分别依次加入 50 mL、25 mL、5 mL 二氯甲烷萃取 3 次，置于振荡器上振荡 1 min，静置分层，将二氯甲烷层经铺有无水硫酸钠（玻璃棉支撑）的漏斗（用二氯甲烷预洗过）过滤于 250 mL 蒸馏瓶中，用少量二氯甲烷洗涤漏斗，并入蒸馏瓶中。将蒸馏瓶接上减压浓缩装置，于 50 ℃ 水浴上减压浓缩至 1 mL 左右，取下蒸馏瓶，将残余物转入 10 mL 刻度离心管中，用二氯甲烷反复洗涤蒸馏瓶并入离心管中。然后吹氮气除尽二氯甲烷溶剂，用丙酮溶解残渣并定容至 2.0 mL，供气相色谱分析用❶。

5. 色谱柱要求及相关条件

色谱柱 1：玻璃柱，3.2 mm（内径）×2.1 m，内装涂有 2%OV-101+6%OV-210 混合固定液的 ChromosorbW（HP）80~100 目担体。

色谱柱 2：玻璃柱，3.2 mm（内径）×1.5 m，内装涂有 1.5%OV-17+1.95%OV-210 混合固定液的 ChromosorbW（AW-DMCS）80~100 目担体。

柱温 190 ℃；进样口或检测室温度 240 ℃。氮气 65 mL/min；空气 150 mL/min；氢气 3.2 mL/min。

6. 测定

取浓缩后的样液及标准样液各 1 μL 注入气相色谱仪中，做色谱分析。根据组分在两根色谱柱上的出峰时间与标准组分比较定性，用外标法与标准组分比较定量。六种氨基甲酸酯杀虫剂的气相色谱图见图 7-4。

---

❶ 闫亚杰. 抗蚜威和异丙威残留降解动态研究[D]. 兰州：甘肃农业大学. 2004:17.

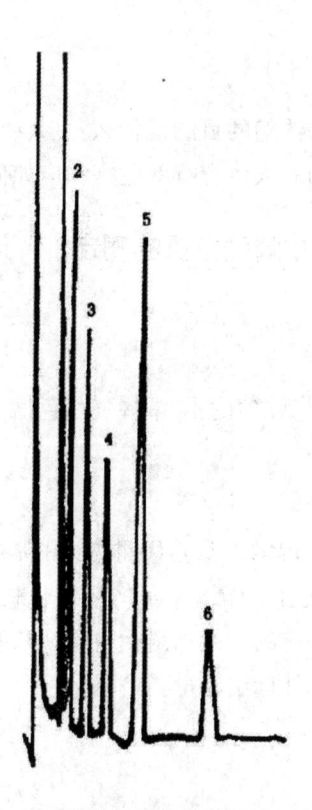

图 7-4 六种氨基甲酸酯杀虫剂的气相色谱图

1—速灭威；2—异丙威；3—残杀威；4—克百威；5—抗蚜威；6—甲萘威

【计算】

1. 试样中六种氨基甲酸酯杀虫剂残留含量

$$X_i = \frac{E_i \times \dfrac{A_i}{A_s} \times 2\,000}{m \times 1\,000}$$

式中：X_i——试样中组分 i 的含量，mg/kg；

E_i——标准试样中组分 i 的质量，ng；

A_i——试样中组分 i 的峰面积或峰高；

A_s——标准试样中组分 i 的峰面积或峰高；

m——试样质量，g；

2000——进样液的定容体积为 2.0 mL；

1000——换算单位。

【思考题】

（1）检测过程中净化和浓缩的目的是什么？

（2）氨基甲酸酯类农药对人体有哪些危害？应如何避免？

实验 7-7 果蔬中草甘膦残留量的测定

【实验目的】

掌握农药草甘膦的残留测定方法，掌握气相色谱-质谱联用仪的操作方法。

【实验原理】

样品用水提取草甘膦（PMG）及其代谢物氨甲基膦酸（AMPA），粗提取液经二氯甲烷分配、阳离子交换柱（CAX）净化，与七氟丁醇和三氟乙酸酐衍生化反应后，氨基基团被衍生成相应的三氟乙酰衍生物，羧基和膦酸基团生成七氟丁酯。用气相色谱-质谱仪测定，外标法定量。

【器材与试剂】

1. 器材

分析天平、气相色谱-质谱仪（四级杆质谱仪，配有 EI 源并具有选择离子功能）、离心机、漩涡振荡器、均质器、旋转蒸发器、恒温箱、CAX 交换柱（AG 50W-X8，H^+，$0.8\ cm \times 4\ cm$）、氮气吹干仪。

2. 试剂及其配制

（1）甲醇。色谱纯。

（2）高纯水。

（3）乙酸乙酯。色谱纯。

（4）二氯甲烷、盐酸、磷酸二氢钾。

（5）衍生试剂。七氟丁醇和三氟乙酸酐以 1+2 的形式混合而得，临用现配。

（5）酸度调节剂。称取 16 g 磷酸二氢钾溶于 160 mL 水，加入 13.4 mL 盐酸和 40 mL 甲醇，混匀。

（6）CAX 洗脱液。160 mL 水 + 2.7 mL 盐酸 + 40 mL 甲醇。

（7）0.2% 柠檬醛乙酸乙酯溶液。100 mL 乙酸乙酯 + 200 μL 柠檬醛。

（8）1.0 g/L 草甘膦标、氨甲基膦酸（AMPA）标准储备液。分别准确称取 50.0 mg 草甘膦标准品，分别放入塑料烧杯中，分别加水和 2 滴盐酸溶解后，全部转入到 50 mL 的容量瓶（聚四氟乙烯或聚丙烯）中，定容，混匀。

（9）草甘膦、氨甲基膦酸混合标准工作溶液。先用水将标准储备溶液分别稀释成 1.0 μg/mL、10.0 μg/mL、100 μg/mL 的混合中间溶液，然后用 CAX 洗脱液稀释混合标准中间溶液，分别配制成一系列的标准工作溶液，质量浓度分别为 2.5 ng/mL、5 ng/mL、25 ng/mL、50 ng/mL、100 ng/mL、200 ng/mL、400 ng/mL。

【实验步骤】

1. 样品处理

去除果蔬中非可食部分，将一定量的可食部分装入组织捣碎机中打成匀浆备用。

2. 水分测定

以上制备后的试样先按 GB/T 5009.3—2003 直接干燥法进行水分测定，并记录水分含量。

3. 试样提取

称取 25 g 试样匀浆放于 150 mL 塑料瓶中，加水至含水量为 12 mL，放置于均质机上高速浸提 3 min；然后转入 50 mL 匀浆至 50 mL 离心管中，离心 10 min，取上清液 20.00 mL，放入另一个离心管中，加入 15 mL 二氯甲烷，振摇 2~3 min，离心 10 min。取上清液 4.50 mL，置于 15 mL 具塞刻度试管中，加入 0.5 mL 酸度调节剂，混匀备用。

4. 净化

阳离子交换柱（CAX）小柱经 10 mL 水活化后，加入 1.0 mL 提取液，待上清液完全流出后，用 15 mLCAX 洗脱液淋洗，收集洗脱液在水浴中旋转蒸发，温度控制在不超过 40 ℃，至约 1 mL 后全部转入有刻度的试管，用 CAX 洗脱液定容至 2.0 mL。

5. 衍生化

取 1.6 mL 衍生试剂于 4 mL 衍生瓶中，加盖后放入 -40 ℃ 以下的低温冰箱中冷冻 0.3 h 后取出，用移液枪在衍生剂液面下缓慢加入 50 μL 净化提取液（混合标准工作溶液进行同步同体积衍生），加盖小心混匀后于 85~90 ℃ 衍生 1 h（每 15 min 小心振摇一次）。取出冷却至室温，用氮气吹干，并继续氮吹 0.3 h。加 250 μL 0.2% 柠檬醛乙酸乙酯溶液溶解残渣，混匀后供 GC-MS 分析。❶

6. GC-MS 条件

（1）色谱柱。DB-5MS，30 m × 0.25 mm（内径）× 0.25 μm（膜厚），或性能

---

❶ 何龙凉，陈延伟，陈智鹏，等．气相色谱-串联质谱法测定不同原产国抗草甘膦转基因大豆中草甘膦及其代谢物的残留量 [J]．食品安全质量检测学报,2016,（9）:3483.

相当者；

（2）升温程序。80 ℃保持 1.5 min，以 30 ℃/min 升至 260 ℃，保持 1 min，再以 30 ℃/min 升至 300 ℃；

（3）载气。氦气，流速 1.0 mL/min；

（4）进样口温度 200 ℃。进样方式为无分流进样，0.75 min 后开阀；进样量 2 μL；电离方式为 EI，70 eV；接口温度 270 ℃；离子源温度 250 ℃；溶剂延迟 3.5 min；监测离子见表 7-2。

表7-2　草甘膦和氨甲基膦酸的监测离子及其丰度比

名称	监测离子/（m/z）	监测离子丰度比/%
草甘膦（PMG）	612（定量离子）、611、584、460	100:92:66:34
氨甲基膦酸（AMPA）	446（定量离子）、372、502	100:45:38

7.GC-MS 测定

取合适浓度的草甘膦和氨甲基膦酸混合标准工作液的衍生液在 m/z 350~650 范围做全扫描，得到总离子流色谱图，再分别取 1.0 μL 衍生液的混合标准液和样品液交替进样，选择离子模式采集数据，以相对保留时间、特征离子的丰度比作为定性依据，用外标单点或多点校正法，峰面积或峰高定量。注意：单点校正时，选择的标准溶液响应值应在样品溶液的 50%~200%。在上述气相色谱质谱条件下，氨甲基膦酸的保留时间约为 4.5 min，草甘膦的保留时间约为 5.2 min。

8.空白实验

除不加试样外，其余均按上述测定步骤进行。

【计算】

（1）试样中草甘膦和氨甲基膦酸的残留含量按下式计算

$$X = \frac{A_i \times C_s}{A_s \times C \times 1\,000}$$

式中：X——试样中待测组分的含量，mg/kg；

A_i——样液的选择离子色谱图中待测组分的峰面积，Au；

A_s——标准工作液中该组分的峰面积，Au；

C_s——标准工作液中该组分的质量浓度，ng/mL；

C——最终样液中所代表样品的质量浓度，g/mL。

最终样液中所代表样品的量按下式计算

$$c = \frac{m \times 4.5 \times V_1 \times V_2}{125 \times 5 \times V_3 \times V_4}$$

式中：m——样品的取样质量，g；

V_1——提取液中取出进行 CAX 柱净化的溶液体积，mL；

V_2——CAX 柱净化后取出进行衍生的溶液体积，mL；

V_3——CAX 柱净化后的定容体积，mL；

V_4——衍生化后最终的定容体积，mL。

（2）测定结果以草甘膦和氨甲基膦酸之和表示，保留两位有效数字。

【思考题】

（1）与气相色谱法相比，气质联用的优点和缺点各是什么？

（2）本实验中影响最后测定结果的因素有哪些？

实验 7-8 水果蔬菜中乙烯利残留量的测定（GB 23200.16—2016）

【实验目的】

掌握气相色谱法测定水果蔬菜中乙烯利残留量的原理及方法。

【实验原理】

乙烯利又称 2-氯乙烯膦酸，是一种人工合成的激素，促进果蔬成熟。样品中的乙烯利用甲醇提取后，与重氮甲烷溶液衍生反应生成二甲基乙烯利，用气相色谱仪测定，外标法定量。

【器材与试剂】

1. 器材

气相色谱仪（配有火焰光度检测器）、超声波清洗器、组织捣碎机、氮气吹干仪。

2. 试剂及其配制

氢氧化钾、盐酸、甲醇、无水乙醚、乙烯利标准品（纯度≥95%）。

（1）甲醇-盐酸溶液（90+10）。量取 90 mL 甲醇加到 10 mL 盐酸中，混匀。

（2）1 000 mg/L 乙烯利标准储备液。准确称取 50.0 mg 乙烯利标准品，置于聚乙烯塑料烧杯中，用甲醇溶解后，全部转入50 mL的容量瓶（聚乙烯）中，定容，混匀。

（3）乙烯利标准工作液。根据实际测定需要用甲醇稀释1 000 mg/L乙烯利标准储备液以制备适当浓度的标准工作液。

（4）重氮甲烷溶液。2-亚硝基-2-甲基脲的制备。在250 mL烧瓶中，加入13.5 g盐酸甲胺，加入67 g水，再加入40.2 g尿素，缓慢回流2 h+45 min，然后激烈回流15 min，冷却至室温，加入20.2 g亚硝酸钠，溶液冷却至0 ℃，在1 L烧杯中加入80 g冰，并在冰盐浴中冷却，然后加入13.3 g硫酸，边搅拌边加入刚刚制得的甲基脲-亚硝酸盐，使其温度不超过0 ℃，大约1 h加完。当亚硝基甲基脲成结晶状泡沫漂浮在上面时，立即用吸滤法过滤并很好地压干，再用少量冰水洗涤，将所得结晶放入真空干燥器干燥，温度不超过4 ℃。在500 mL圆底烧瓶中放置60 mL 50%氢氧化钠溶液和200 mL乙醚，将混合物冷却至0 ℃，然后一边摇动，一边加入20.6 g 2-亚硝酸基-2甲基脲，在烧瓶上装上冷凝管进行蒸馏。冷凝管下端连接一个接收管，通过一个双孔橡皮塞浸入盛在250 mL锥形瓶中的40 mL乙醚液面下，锥形瓶则放在冰-盐浴中冷却，放出来的气体通过同样冷却至0 ℃以下的第二份40 mL乙醚中，将反应烧瓶放在50 ℃的水浴上，使其达到乙醚的沸点，并不时摇动，蒸出的乙醚直到馏出物颜色变成无色为止，通常蒸出2/3的乙醚以后馏出物就变成无色。在任何情况下不能将乙醚蒸干，合并接收器中的乙醚溶液，其中含有5.3~5.9 g重氮甲烷。[1]

【实验步骤】

1. 提取

取可食部分放入组织捣碎机中捣碎成匀浆，称取试样10 g放入聚乙烯烧杯中，加入0.5 mL甲醇-盐酸溶液和50 mL甲醇，超声震荡提取5 min，过滤，溶液置于100 mL的聚乙烯容量瓶中，残渣再用30 mL甲醇提取一次，合并提取液，定容至100 mL，混匀备用。

3. 衍生反应

精密吸取10 mL提取液置于15 mL离心管（聚乙烯）中，在干燥氮气流下，水浴锅温度设置为30~35 ℃条件下，浓缩至约1.5 mL，然后加入0.5 mL甲醇-盐酸溶液和8mL无水乙醚，充分混合，放置10 min。取另一个聚乙烯离心管中，将

---

[1] 董祺杰, 赵俊虹, 李煜. 重氮甲烷衍生气相色谱法测定黄瓜中乙烯利残留量[J]. 理化检验(化学分册). 2011,47（9）:1072.

上清液移入，残留液用1mL无水乙醚再萃取2次，萃取液全部并入上述的另一个离心管中，再一次放到30~35℃的水浴中浓缩至约1mL。在通风柜内，向浓缩液里滴加重氮甲烷溶液，直至黄色不褪为止。盖严塞子，放置15 min。在氮气流下30~35℃水浴上浓缩至约1 mL，最后用乙醚稀释到2.00 mL，供气相色谱测定。

4. 标准溶液的衍生化

取适量的乙烯利标准工作液（用甲醇定容10.0mL），按照样品的提取和衍生步骤进行操作。

5. 气相色谱参考条件

（1）色谱柱。FFAP 30 m × 0.32 mm（id）× 0.25 μm 弹性石英毛细管柱或相当极性的色谱柱。

（2）载气。氮气，流量2.5 mL/min，纯度≥99.999%。

（3）燃气。氢气，流量85 mL/min，纯度≥99.999%。

（4）助燃气。空气，流量110 mL/min。

（5）进样口温度。240℃。

（6）升温程序。120℃（1 min）40℃/min 230℃（2 min）。

（7）检测器温度 150℃。

（8）检测器。火焰光度检测器（磷滤光片）。

（9）进样量。1μL。

6. 色谱分析

分别吸取标准样品和待测样品衍生化后的溶液各1μL，分别注入色谱仪中，通过待测样品与标准样品衍生化物的峰面积比较，用外标法定量。

7. 空白实验

除不待测样品外，均按上述步骤进行操作。

【计算】

（1）用色谱数据处理机或按下式计算样品中的乙烯利的残留量

$$W = \frac{A \times \rho \times V_1 \times V_2 \times 1\,000}{A_s \times m \times V \times 1\,000}$$

式中：W——样品中乙烯利残留量，mg/kg；

A——样品溶液中二甲基乙烯利的色谱面积，Au；

A_s——标准溶液中二甲基乙烯利的色谱峰面积，Au；

ρ——标准溶液中乙烯利的质量浓度，μg/mL；

V——提取溶剂定容体积，mL；

V_1——分取体积,mL;
V_2——上机液定容体积,mL;
m——称取样品的质量,g。

(2)在重复性条件下获得的两次独立测定结果的绝对差值与其算术平均值的比值(百分率),应符合表7-3的要求。

表7-3 实验室内重复性要求

被测组分含量/(mg·kg^{-1})	精密度%
0 ≤ 0.001	36
> 0.001 ≤ 0.01	32
> 0.01 ≤ 0.1	22
> 0.1 ≤ 1	18
> 1	14

【思考题】

(1)水果蔬菜中乙烯利残留量对人体有哪些危害?应如何避免?

(2)本实验过程中应注意的事项有哪些?

实验7-9 荧光分光光度法测定鲜乳中噻菌灵残留量

【实验目的】

掌握荧光分光光度计的使用及其测定鲜乳中噻菌灵残留量的原理及操作方法。

【实验原理】

用氢氧化钾皂化试样中的脂肪,乙酸乙酯提取噻菌灵,再用盐酸溶液抽提乙酸乙酯提取液中噻菌灵,荧光分光光度法测定,外标法定量。

【器材与试剂】

1.器材

荧光分光光度计、分析天平、冷凝管、分液漏斗、锥形瓶(具磨口)、电热水浴锅、容量瓶。

2. 试剂及其配制

氢氧化钾、盐酸、乙酸乙酯、噻菌灵标准品（纯度≥99%）

（1）50% 氢氧化钾溶液。准确称取 50 g 氢氧化钾固体，加水溶解，冷却后定容至 100 mL，摇匀备用。

（2）0.05% 氢氧化钾溶液。准确移取 50% 氢氧化钾溶液 1 mL 于 1 000 mL 容量瓶中，用水定容，摇匀备用。

（3）0.1 mol/L 盐酸溶液：准确移取 0.83 mL 浓盐酸于 100 mL 容量瓶中，用水定容，摇匀备用。

【实验步骤】

1. 皂化反应

称取试样 10 g（精确至 0.1 g）置于 100 mL 锥形瓶中，加入 50% KOH 溶液 7 mL，接上冷凝管，在沸腾的水浴上回流皂化 40 min 取下，冷却至室温。

2. 提取

将皂化液全部移入 125 mL 分液漏斗中，加入乙酸乙酯 15 mL，轻摇，静止分为有机层和水层。将水层转入另一个 125 mL 的分液漏斗中，再用 15 mL 的乙酸乙酯提取，剧烈振摇，静止分层。把两次的乙酸乙酯提取液进行合并备用。

3. 净化

用 0.05% 氢氧化钾溶液 20 mL 洗涤乙酸乙酯提取液，剧烈振摇，静止分层，放掉下层（弃去水层）。再加入 0.05% 氢氧化钾溶液 20 mL 轻摇洗涤，放掉下层。然后用 0.1 mol/L 盐酸溶液 5 mL 提取乙酸乙酯层 2 次，静止分层后，收集两次的盐酸提取液，放入 10 mL 比色管中，用 0.1 mol/L 盐酸溶液定容。供荧光分光光度法测定。

4. 测定

（1）荧光分光光度法测定参考条件。激发波长为 307 nm，发射波长为 359 nm。不同型号仪器可根据实际情况调节，以获得最佳激发波长和发射波长。

（2）标准曲线的绘制。

分别吸取 0.2 mL、0.5 mL、1.0 mL、5.0 mL 和 10.0 mL 标准储备溶液至一组 10 mL 容量瓶中，用盐酸溶液定容，于荧光分光光度计上测定各荧光吸光度，以荧光吸光度对噻菌灵浓度绘制标准曲线。噻菌灵标准品荧光吸光度扫描图见 7–5。

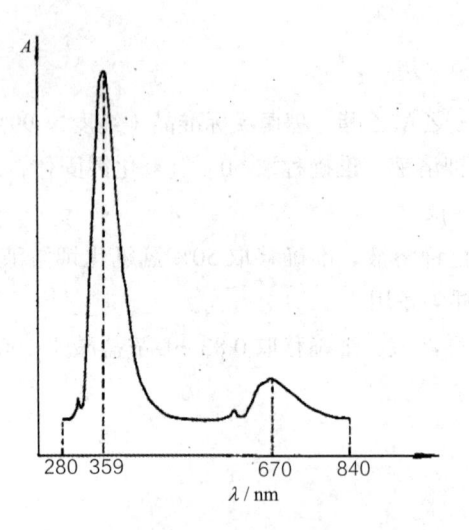

图 7-5　噻菌灵标准品荧光吸光度扫描图

（3）样液测定。取待测样液，于荧光分光光度计上测定样液的荧光强度。从标准曲线上直得样液中噻菌灵质量浓度。

5. 空白实验

除不加试样外，均按上述测定步骤进行。

【计算】

按下式计算试样中噻菌灵的残留含量

$$X = \frac{c \times V}{m} \times 100$$

式中：X——试样中噻菌灵含量，mg/kg；

c——从标准曲线上查得的样液中噻菌灵的质量浓度，μg/mL；

V——定容后样液的体积，mL；

m——试样的质量，g。

【思考题】

（1）本实验提取操作过程中应注意的事项有哪些？

（2）简述荧光分光光度法测定鲜乳中噻菌灵残留量的原理。

第八章 开放设计性实验

在基本实验和综合实验的基础上进行开放性设计实验，主要为了培养学生提出问题、全面分析问题、解决问题的思维能力，培养学生一定的科研能力，从而使其树立农产品质量和安全意识。开放设计性实验与基本实验和综合实验在内容、形式和要求上都有较大区别。开放设计性实验只是给出相关提示和建议，由学生自主设计、自主组队完成。在学生确定相关课题后，团队成员分工合作，查阅、收集、整理资料，写出详细的实验方案或实验计划，经指导老师审核后实施，最后撰写分析报告或小论文。每个实验课题包括以下几个方面的内容。

1. 设计实验方案

（1）在指定的题目或自拟定的题目中，教师起到引领作用，教材中给出的提示仅供学生参考，学生通过查阅有关书籍、标准、期刊等，拟定出合适的、详细的实验方案，包括实验目的、原理、试剂（注明规格、浓度，有的还要标注药品的配制方法）、仪器、实验步骤等。

（2）实验方案经教师审阅后，只要方法合理，实验室条件具备，学生就可按照自己设计的方案实施实验。

（3）鼓励学生自己选题，通过上述步骤设计实验方案。

（4）团队完成实验并将实验过程用手机拍照或录像记录真实过程。实验过程手机拍照或录像是对学生实验过程的监控，可查看学生实验技术掌握情况，操作是否规范，以及了解在实验过程中学生发现问题、分析问题、解决问题能力的表现情况。

3. 撰写实验论文

以小论文的形式写出实验报告，培养学生归纳、总结及分析能力。论文要求符合以下格式。

（1）前言（写课题的意义）。

（2）实验和结果（包括原理、仪器试剂、装置图、实验步骤、实验现象、数据和结果处理等）。

（3）讨论（包括对实验方法、做好实验的关键和对实验结果的评论）。

（4）主要参考文献。

实验 8-1 不同大米的品质评价

稻米品质主要由碾磨品质、外观品质、蒸煮食味品质和营养品质组成。碾磨品质和稻米外观品质是确定稻米价格的重要依据之一，也是水稻优质育种的重要性状。稻米蒸煮品质包括稻米的糊化温度、胶稠度和直链淀粉含量，是稻米品质的重要理化指标，对米质优劣起决定性作用。稻米直链淀粉含量是决定品质优劣的最重要性状之一，其含量高低与米饭的黏性、柔软性、光泽和食味品质密切相关。❶由于爱好和用途的差异，人们对稻米品质的评价有所不同：中国南方要求籼米粒型长至细长、无或极少垩白，油质半透明，直链淀粉含量中等、胶稠度中等至软、米饭口感佳，冷却后仍松软；粳米无论南北均要求出糙率、精米率高，粒形短圆，透明无腹白，直链淀粉含量低，胶稠度软，糊化温度低，米饭油亮柔软。

建议学生到超市及日常生活中去调研，从人们关注的问题提出探究课题，或比较分析不同品牌或不同类型、不同产地等大米品质入手。在分析评价过程中可关注国家标准 GB/T 1354—2018 和行业相关标准，围绕现行国家、行业品质指标做出综合的分析评价。

实验 8-2 蜂蜜质量分析与安全评估

蜂蜜是蜜蜂采集植物的花蜜、分泌物或蜜露，与自身分泌物混合后，经充分酿造而成的天然甜物质。花蜜是花内蜜腺的分泌物，蜜露是植物花外蜜腺的分泌物。蜂蜜的质量优劣与真伪，可通过样品的感官特征指标、理化特征指标，如水分含量、还原糖含量，主要单糖及双糖含量、酸度、电导率等作综合分析与评估。

1.蜂蜜的感官鉴别

蜂蜜的感官鉴别，主要包括色泽、滋味、气味、组织状态、杂质等。正常蜂蜜与掺假蜂蜜的感官鉴别标准见表 8-1。

---

❶ 毛孝强,余腾琼,林谦,等.我国水稻品质性状数量遗传研究进展[J].云南农业大学学报,2003（2）:203.

表8-1 正常蜂蜜与掺假蜂蜜的感官鉴别标准

项目	正常	掺假
色泽	依据蜜源品种不同，从水白色（近无色）至深色（暗褐色）不等	色泽昏暗，透明度不好，液体混浊或有沉淀
滋味、气味	具体特有的滋味、气味，无异味	特有风味（如花香）皆无，甜腻、无清甜感
组织状态	常温下呈黏稠流体状，或部分及全部结晶	糊状或结晶粗糙，用手捏有沙粒感，且不易融化
杂质	不得含有蜜蜂肢体/幼虫/蜡屑及正常视力可见杂质（含蜡屑巢蜜除外）	杂质不明显

2.蜂蜜质量指标的检验

蜂蜜质量指标的检验，通常可进行水分含量、还原糖含量、酸度、淀粉酶值、电导率、主要单糖和双糖的含量测定等。蜂蜜各项质量指标的相关知识及检测原理与方法见表8-2。

表8-2 蜂蜜各项质量指标的相关知识及检测原理与方法

质量指标	相关知识	检测原理与方法
水分含量	蜂蜜含有一定水分，其含量高低直接决定蜂蜜的质量。蜂蜜的含水一般在18%~26%，含水量<21%是合格蜂蜜，含水量<17%是优质蜂蜜。含水量越大，含糖量就越小，影响营养价值且容易发酵变质	利用折光法进行水分含量的测定
还原糖含量	蜂蜜最主要的成分是葡萄糖和果糖这两种还原糖，它们来自于花蜜，是花蜜中的蔗糖通过蜜蜂分泌的转化酶的作用而产生的葡萄糖和果糖。这两种糖占蜂蜜总成分的65%以上，赋予蜂蜜甜味、吸湿性、能量及有形的特性	利用直接滴定法测定还原糖的含量
酸度	天然蜂蜜是酸性的，pH 3.2~4.5，这种酸度可抑制多种病原菌的生长繁殖。蜂蜜中含酸量与其中的有机酸类（包括葡萄糖酸，乳酸，焦谷氨酸，琥珀酸，酒石酸，草酸，羟基丁二酸，柠檬酸等）和无机酸（磷酸、盐酸）有关。蜂蜜中的酸性成分一般来说比较稳定	利用酸碱滴定法，即用氢氧化钠标准溶液滴定样品中的酸；或者电位滴定法

续 表

质量指标	相关知识	检测原理与方法
淀粉酶值	蜂蜜的淀粉酶值是标志蜂密成熟程度、贮存时间长短、加工温度控制是否严格及是否掺假的一项重要指标。酶值的高低与蜂密的新鲜程度及营养价值成正比。蜂蜜的淀粉酶值一般要求在8以上	利用分光光度法测空，即将淀粉溶液加入蜂蜜中，部分淀粉被蜂蜜中的淀粉酶水解后，剩余的淀粉与加入的碘反应产生蓝紫色，随着反应的进行，颜色逐步消失。于660 nm波长处测定其达到特定吸光度所需要的时间，换算出1 g蜂蜜在1 h内水解1%淀粉的体积（mL）
电导率	电导率大小是蜂蜜的一项质量指标	利用电导仪法测空，即将相当于20 g无水蜂密用水定容至100 mL，在20 ℃时测定其电导率，结果用ms/cm表示
主要单糖和双糖含量	蜂蜜中糖类组成以单糖为主（葡萄糖和果糖）。通常占蜂蜜总成分的65%以上，其次是双糖，以蔗糖为主，其余的有麦芽糖、曲二塘、异麦芽糖、昆布二糖、黑曲霉二糖、龙胆二糖等。GB 14963—2011要求葡萄糖和果糖占蜂蜜总成分的60%以上，桉树蜂蜜、柑橘蜂蜜、紫苜蓿蜂蜜、荔枝蜂蜜、野桂花蜜中的蔗糖不大于10%，其他不大于5%	利用高效液相色谱仪测定蜂蜜中的主要单糖和蔗糖含量

3. 蜂蜜掺伪的检验

蜂蜜产品经常会出现掺假、掺杂现象。常见蜂蜜掺伪类型、目的和检验方法见表8-3。

表8-3 常见蜂蜜掺伪类型、目的和检验方法

蜂蜜掺伪类型	掺伪的目的	检验方法
掺水	掺水导致蜂蜜的浓度降低，质量增加而牟利	利用折射率测定其含水量来判断蜂蜜是否掺水
掺蔗糖	人为地将蔗糖熬成浆状掺入蜂蜜出售，降低成本	感官检验。掺蔗糖产品色深鲜艳明亮，多为浅黄色，味淡，回味短有一种糖浆味。正常蜂蜜中蔗糖含量<5%，个别品种可能达10%，通过测定样品中蔗糖含量可判别蜂蜜中是否掺蔗糖

续 表

蜂蜜掺伪类型	掺伪的目的	检验方法
掺淀粉或米糊	降低成本	感官检验：蜂蜜中如掺淀粉或米糊类物质，外观混浊不透明，蜜味淡薄，用水稀释后溶液混浊不清。可利用淀粉与碘的颜色反应鉴别
掺羧甲基纤维素钠	羧甲基纤维素钠是一种增稠剂，掺入蜂蜜后，蜂蜜颜色变深，黏稠度变大	可用95%酒精使蜂蜜产生白色絮状物，利用该絮状物与盐酸、硫酸铜溶液的沉淀反应鉴别是否掺杂

实验 8-3 食用植物油质量分析与安全评估

食用植物油的质量优劣与真伪，可通过油样的感官特征指标、物理特性指标（如折射率、相对密度等）、化学特性指标（如酸价、碘值、过氧化值、羰基价等）以及油样的脂肪酸组分特性做综合分析与鉴别。

1. 食用植物油的感官检验

食用植物油的感官检验项目主要包括色泽、透明度、气味与滋味、水分与杂质等。各类不同质量级别的油品的感官质量标准可参考表5-1。

2. 食用植物油的物理化学特性检验

食用植物油的物理化学特性检验通常可进行相对密度、折射率、水分和挥发物、不溶性杂质含量、酸价、碘值、过氧化值、羰基价、皂化值的测定等。国标上对不同级别的各类不同油品的理化质量指标做了相应的规定，以一级成品油为例，各类不同油品的理化质量指标见表8-4。

表8-4 各类不同油品的理化质量指标

项目	大豆油	花生油(压榨)	芝麻香油	菜籽油	玉米油
酸价（KOH）/（mg·g^{-1}）≤	0.5	1.5	2.5	0.20	0.50
过氧化值/（mmol·kg^{-1}）≤	5.0	6.0	0.15	5.0	—
羰基价/（meq·kg^{-1}）≤	—	—	—	—	—
水分和挥发物/%	0.10	0.10	0.20	0.05	0.1
不溶性杂质/%	0.05	0.05	0.05	0.05	0.05

续 表

项 目	大豆油	花生油(压榨)	芝麻香油	菜籽油	玉米油
相对密度	0.919~0.925	0.914~0.917	0.915~0.924	0.910~0.920	0.917~0.925
折光指数	—	—	1.457 5~1.479 2	1.465~1.469	—
碘值(I)/(mg·g^{-1})	—	—	104~120	94~120	—
皂化值(KOH)/(mg·g^{-1})	—	—	186~195	168~181	—

各项指标的检测原理与方法见表8-5。

表8-5 各项理化质量指标的相关知识及检测原理与方法

理化质量指标	相关知识	检测原理与方法
酸价	指中和1.0 g油脂所含游离脂肪酸所需KOH的质量(mg);酸价是反映油脂酸败的主要指标,可以评定油脂品质的好坏和贮藏方法是否恰当	用中性乙醇和乙醚混合溶剂溶解油样,然后用碱标准溶液滴定其中的游离脂肪酸,根据油样质量和消耗碱液的量计算出油脂酸价
过氧化值	通过油脂中是否存在过氧化物,以及过氧化值含量的大小,可判断油脂是否新鲜和酸败的程度	油脂在氧化过程中产生的过氧化物很不稳定,能与碘化钾作用生成游离碘,以硫代硫酸钠标准溶液滴定析出的碘,可计算过氧化值
羰基价	油脂氧化所生成的过氧化物,进一步分解为含羰基的化合物;羰基价可评价油脂中氧化产物的含量和酸败劣变的程度,是评价油脂氧化酸败的一项指标	常用比色法测定总羰基价,即油脂中的羰基化合物和2,4-二硝基苯肼反应生成腙,在碱性条件下生成醌离子,呈葡萄酒红色,在440 nm波长下有最大吸收,测定其吸光度,可计算油样的总羰基价
水分和挥发物	—	以样品在蒸发前后的失重来计算水分和挥发物的含量
不溶性杂质	不溶性杂质主要包括机械类杂质、矿物质、碳水化合物、含氮物质及某些胶质	过量溶剂溶解样品,用已知质量的玻璃砂芯抽滤器过滤,使其在103℃下干燥至恒重,计算油样中不溶性杂质的含量
折射率	折射率是油脂的重要物理参数之一,通过测定油脂的折射率可以鉴别油脂种类、纯度、不饱和程度及是否酸败,是油脂纯度的标志之一	按液体折射率的测定方法测定

续 表

理化质量指标	相关知识	检测原理与方法
相对密度	油脂的相对密度与其脂肪酸的组成有关；酸败的油脂，其相对密度升高。测定油脂相对密度可初步判断油脂纯度	按液体相对密度的测定方法测定
碘值	即 100g 油脂所吸收的 ICl 或 lBr 换算成碘的质量（g）；碘值可反映油脂的不饱和程度；测定碘值，可以了解油脂脂肪酸的组成是否正常，有无掺杂等	韦氏法：在溶剂中溶解试样并加入韦氏碘液，ICl 则与油脂中的不饱和脂肪酸发生加成反应，再加入过量的 KI 与剩余的 ICl 作用析出碘，游离的碘可用硫代硫酸钠标准溶液滴定，从而计算出油样加成的 ICl（以碘计）的量，求出碘值
皂化值	中和 1 g 油脂中所含全部游离脂肪酸和结合脂肪酸（甘油酯）所需 KOH 的质量（mg）。皂化值结合其他检验指标，可对油脂的种类和纯度进行鉴定	利用油脂与过量的碱醇溶液共热皂化，皂化完全后，过量的碱用标准酸液滴定，由所消耗碱液量计算出皂化值

3. 食用植物油中脂肪酸组分的测定

脂肪酸是油脂分子的重要基本组成单位，脂肪酸的种类与组成千变万化，各种不同的食用油，它们由具有固有的不同特征的脂肪酸组成。脂肪酸组分不同，油品的营养性也不同，因而可以通过检测油品的脂肪酸组成研究油品的品质以鉴别其掺假情况。目前，测定食用植物油中脂肪酸组分最常用的方法是气相色谱法，也可使用气相色谱-质谱联用法。样品中的甘油酯经过甲酯化处理后，进样，在汽化室被汽化，汽化的样品随载气流经色谱柱而被逐一分离开，分离后的组分到达检测器时经检测口的相应处理，产生可检测的信号。根据色谱峰的保留时间与标准图谱对照定性，用面积归一法定量，计算不同脂肪酸的百分含量。

实验 8-4 鲜牛乳及乳制品的质量分析

鲜牛乳和乳制品营养成分完全，易于消化吸收，是营养价值高、极受人们欢迎的食品。鲜乳中含有细菌，不易保存。为了延长乳的保质期，通常对乳进行灭菌制成消毒乳或加工成乳制品。牛乳的质量可以从它的感官特征，包括色泽、滋味和气味、组织状态这些方面进行评价；也可以从牛乳的一些理化指标进行判定，包括牛乳相对密度、脂肪含量、酸度、乳糖含量等。鲜乳还可以从微生物方面进行检测。市面上有些不法商家，为了降低产品成本，以次充好，往往会向乳中添加廉价或没有营养价值的物质，如淀粉、米汁、食盐、铵盐；或从乳中抽出营养物质；或为了掩盖乳的真正质量而加入化学防腐剂、中和剂、三聚氰胺等。掺入的物质对天然乳来说都是异物，它们不仅破坏了乳的质量，而且对消费者的健康有害。

1. 感官分析

现行食品安全国家标准对灭菌乳、巴氏杀菌乳、生乳的感官及其检测方法要求见表8-6。

表8-6 感官要求

项目	要求	检验方法
色泽	呈乳白色或微黄色	取适量试样置于50 mL烧杯中，在自然光下观察色泽和组织状态。闻其气味，用温开水漱口，品尝滋味
滋味、气味	具有乳固有的香味，无异味	
组织状态	呈均匀致的液体，无凝块、无沉淀、无正常视力可见异物	

对牛乳的感官特征进行鉴别，可按实验5-3的检验方法，定性判别牛乳样品质量是否异常。先观其色泽，若乳色淡且状态稀薄，则可能是掺水或脱脂；若颜色异常，可能是有血液或细菌污染。再观其组织状态，观察牛乳向下流动时，乳中有无可见异物、颗粒及沉淀。最后口尝及加热嗅闻其滋味、气味是否异常。也可以按照灭菌乳的感官质量评鉴细则，对牛乳的感官特征进行定量评分分析，由评分的结果，对不同牛乳的质量高低进行区分。

2. 理化分析

现行食品安全国家标准对灭菌乳、巴氏杀菌乳理化及其检测方法要求见表8-7。

表8-7 灭菌乳、巴氏杀菌乳理化指标

项目	指标	检测方法
脂肪 / (g/100g) ≥	3.1	碱水解法或盖勃法
蛋白质 / (g/100g) ≥	2.9	凯氏定氮法
非脂乳固体 / (g/100g) ≥	8.1	直接烘干得总固体含量，再减去脂肪含量和蔗糖含量
酸度 / (°T)	12~18	酚酞指示剂酸碱滴定法、电位滴定仪法

评价牛乳质量的理化指标，可按表8-7中的测定方法分析，也可以利用专门

的乳品成分分析仪进行快速综合检测。该分析仪可测定乳品中的脂肪、非脂乳固体、密度、蛋白质、电导率和 pH 等指标，操作简便，灵敏度高。有条件的实验单位可以利用该种仪器测定，并与其他测定方法所得的质量指标值进行比较。

3. 牛乳掺伪分析

如果在鲜乳及乳制品的感官检验中发现其异常，则初步判断有掺伪现象，可进一步进行相对密度、酸度、脂肪含量和乳糖含量等项目的测定。有时无论感官结果如何，还必须进行理化检验，以确定乳品是否掺伪。

4. 微生物检测

鲜乳是微生物繁殖的良好培养基。由于挤乳、储存器具杀菌不彻底等，可使微生物大量繁殖造成污染。其菌落总数的多少，直接反映乳品的卫生质量。建议对大肠杆菌、细菌菌落总数进行检测。

附录

附录一 常用酸的浓度

化合物	相对分子质量	相对密度	质量分数/%	浓度/(mol·L^{-1})
HCl	36.46	1.19	36.0	11.7
HNO$_3$	63.02	1.42	69.5	15.6
H$_2$SO$_4$	98.08	1.84	96.0	17.95
H$_3$PO$_4$	98.00	1.69	85.0	14.7
CH$_3$COOH	60.03	1.06	99.5	17.6

附录二 常见农产品中的氮折算成蛋白质的折算系数

农产品类别		折算系数	农产品类别		折算系数
小麦	全小麦粉	5.83	大米		5.95
	麦糠麸皮	6.31	鸡蛋	全蛋	6.25
	麦胚芽	5.8		蛋黄	6.12
	麦胚粉、黑麦、普通小麦、面粉	5.7		蛋白	6.32
燕麦、大麦、黑麦粉		5.83	肉与肉制品		6.25
小米、裸麦		5.83	动物明胶		5.55
玉米、黑小麦、饲料小麦、高粱		6.25	纯乳与纯乳制品		6.38
油料	芝麻、棉籽、葵花籽、蓖麻、红花籽	5.30	酪蛋白		6.40
	其他油料	6.25	胶原蛋白		5.79
	菜籽	5.53			
坚果种子类	巴西果	5.46	豆类	大豆及其粗加工制品	5.71
	花生	5.46			
	杏仁	5.18		大豆蛋白制品	6.25
	核桃、榛子、椰果等	5.30			

附录三 常见标准滴定液的配制与标定

1. 盐酸标准滴定溶液

（1）配制。按附表3-1盐酸标准溶液配制，量取盐酸，注入1 000 mL水中，摇匀。

附表3-1 不同浓度盐酸标准溶液配制

盐酸标准滴定溶液的浓度/(mol·L⁻¹)	盐酸的体积/mL
1	90
0.5	45
0.1	9

（2）标定。首先将标准盐酸溶液所用基准试剂——无水碳酸钠，置于270~300 ℃高温炉中灼烧至恒量，放入干燥器中冷却至室温，按附表3-2标定标准盐酸溶液所用基准试剂量，称取适量的无水碳酸钠，放入锥形瓶中，加50 mL水、10滴溴甲酚绿–甲基红指示液，混匀，用待标定的盐酸溶液滴定，当溶液由绿色转变为暗红色时，加热煮沸2 min，加盖具钠石灰管的橡胶塞，冷却至室温，继续用刚待标定的盐酸溶液继续滴定，当溶液再一次呈暗红色时即为滴定终点。同时做空白实验。

附表3-2 标定标准盐酸溶液所用的无水碳酸钠基准试剂量

盐酸标准滴定溶液的浓度/(mol·L⁻¹)	工作基准试剂（无水碳酸钠）的质量/g
1	1.9
0.5	0.95
0.1	0.2

盐酸标准滴定溶液的浓度$\left[c(\mathrm{HCl})\right]$，按下式计算

$$c(\mathrm{HCl}) = \frac{m \times 1\,000}{(V_1 - V_0)M}$$

式中：m——标定盐酸溶液所用的无水碳酸钠质量，g；

V_1——滴定无水碳酸钠所用的待标定盐酸溶液体积，mL；

V_0——滴定空白实验所消耗待标定的盐酸溶液的体积，mL；

M——基准物质无水碳酸钠（Na_2CO_3）的摩尔质量，g/mol，[M（$1/2Na_2CO_3$）=52.994]。

2. 硫酸标准滴定溶液

（1）配制。按附表3-3硫酸标准溶液配制规定的量，量取硫酸，缓缓注入1 000 mL水中，冷却，摇匀。

附表3-3 不同浓度硫酸标准溶液配制

硫酸标准滴定溶液的浓度/（mol·L⁻¹）	硫酸的体积/mL
1	30
0.5	15
0.1	3

（2）标定。基准试剂无水碳酸钠首先应用270~300 ℃高温炉灼烧至恒量，放入干燥器中冷却至室温，按附表3-4的规定量称取适量的无水碳酸钠，放入锥形瓶中，加50 mL水、10滴溴甲酚绿–甲基红指示液，混匀后，用配制的待标定的硫酸溶液滴定，当溶液由绿色转变为暗红色时，置于电炉上煮沸2 min，具钠石灰管的橡胶塞加盖锥形瓶，冷却到室温，继续用硫酸溶液滴定，当溶液再一次呈现暗红色时，即为滴定终点。同时做空白实验。

附表3-4 标定标准硫酸溶液所用基准试剂量

硫酸标准滴定溶液的浓度/（mol·L⁻¹）	工作基准试剂无水碳酸钠的质量/g
1	1.9
0.5	0.95
0.1	0.2

硫酸标准滴定溶液的浓度[c（$1/2H_2SO_4$）]，按下式计算

$$c(1/2H_2SO_4) = \frac{m \times 1\,000}{(V_1 - V_0)M}$$

式中：m——基准物质无水碳酸钠的质量，g；

V_1——滴定时所消耗的待标定硫酸溶液体积，mL；

V_0——空白试验滴定时所消耗硫酸溶液体积，mL；

M——基准物质无水碳酸钠（Na_2CO_3）的摩尔质量，g/mol，[M（$1/2Na_2CO_3$）=52.994]。

3. 氢氧化钠标准滴定溶液

（1）配制。称取110 g氢氧化钠固体，用煮沸冷却的蒸馏水100 mL溶解，冷却后，装入聚乙烯容器，密闭放置一段时间。待溶液清亮后按附表3-5氢氧化钠标准溶液配制规定的量，量取上层清液，用煮沸冷却的水稀释至1 000 mL，摇匀。

附表3-5 氢氧化钠标准溶液配制

氢氧化钠标准滴定溶液的浓度 / ($mol·L^{-1}$)	氢氧化钠溶液的体积 /mL
1	54
0.5	27
0.1	5.4

（2）标定

先将基准试剂邻苯二甲酸氢钾置于105~110 ℃电烘箱中干燥至恒量，按附表3-6配制不同浓度时称量，加无二氧化碳的水溶解，再滴加2滴10 g/L酚酞，用配制的氢氧化钠溶液滴定至溶液呈粉红色，并保持30 s不褪色。同时做空白试验。

附表3-6 标定标准氢氧化钠溶液所用基准试剂量

氢氧化钠标准滴定溶液的浓度 / ($mol·L^{-1}$)	工作基准试剂邻苯二甲酸氢钾的质量 /g	氢氧化钠溶液的体积 /mL
1	7.5	80
0.5	3.6	80
0.1	0.75	50

氢氧化钠标准滴定溶液的浓度 [c（NaOH）]，按下式计算

$$c(\text{NaOH}) = \frac{m \times 1000}{(V_1 - V_0)M}$$

式中：m——基准物质邻苯二甲酸氢钾的质量，g；

V_1——滴定时所消耗的氢氧化钠溶液体积，mL；

V_0——空白试验滴定时所消耗的氢氧化钠溶液体积，mL；

M——邻苯二甲酸氢钾（$KHC_8H_4O_4$）的摩尔质量，g/mol，[M（$KHC_8H_4O_4$）=204.22]。

4. 硫代硫酸钠标准滴定溶液 [c（$Na_2S_2O_3$）=0.1mol/L]

（1）配制。称取 16 g 无水硫代硫酸钠（或 26 g 五水硫代硫酸钠）放入烧杯中，加 0.2 g 无水碳酸钠，用 1 000 mL 水溶解，缓慢煮沸 10 min，冷却，装入棕色瓶中，放置暗处 2 周。

（2）标定。基准试剂重铬酸钾置于（120±2）℃干燥至恒量，称取 0.18 g 放入碘量瓶中，加 25 mL 水、2 g 碘化钾和 20% 硫酸溶液 20 mL，摇匀，放于暗处 10 min。加入 150 mL 水，用待标定的硫代硫酸钠溶液滴定，等接近滴定终点时向碘量瓶中加入 10 g/L 淀粉指示液 2 mL，继续滴定至溶液由蓝色变为亮绿色，即到达滴定终点。同时做空白实验。

硫代硫酸钠标准滴定溶液的浓度 [c（$Na_2S_2O_3$）]，按下式计算

$$c(Na_2S_2O_3) = \frac{m \times 1\,000}{(V_1 - V_2)M}$$

式中：m——基准物质重铬酸钾的质量，g；

V_1——滴定重铬酸钾时所消耗的硫代硫酸钠溶液的体积，mL；

V_2——空白试验滴定时所消耗硫代硫酸钠溶液的体积，mL；

M——重铬酸钾（$K_2Cr_2O_7$）的摩尔质量，g/mol，[M（$1/6K_2Cr_2O_7$）=49.031]。

5. 甲醛标准溶液 5 μg/mL

（1）配制。吸取 36%~38% 甲醛溶液 0.3 mL，移入 100 mL 容量瓶中，加水稀释至刻度。根据实验项目测定的需要，精密吸取一定量的上述溶液置于 100 mL 容量瓶中，加水定容至刻度，混匀，得到甲醛标准贮备溶液。

（2）标定。精密吸取甲醛标准贮备溶液 10.00 mL，置于 250 mL 碘量瓶中，加入 0.1 mol/L 碘溶液 25.00 mL、1 mol/L NaOH 溶液 7.50 mL，混匀后放置 15 min；再加（1+9）硫酸溶液 10.00 mL，放置 15 min；用浓度为 0.1 mol/L 硫代硫酸钠标准溶液滴定，当滴至淡黄色时，加入 0.5% 淀粉指示剂 1.00 mL，继续滴定至蓝色消失。同时做试剂空白滴定。

甲醛标准贮备液的质量浓度按下式计算

$$X_1 = \frac{(V_0 - V_1) \times C \times 15 \times 1\,000}{10}$$

式中：X_1——甲醛标准贮备液中甲醛的质量浓度，mg/L；

V_0——空白滴定消耗硫代硫酸钠标准溶液的体积，mL；

V_1——滴定甲醛时所消耗的硫代硫酸钠标准溶液的体积，mL；

C——硫代硫酸钠标准溶液的浓度，mol/L；

15——1 mol/L 碘溶液 1 mL 相当甲醛的量，mg；

10——所用甲醛标准贮备溶液，mL。

附录四　常用的标准溶液的储存周期

溶液名称	浓度 / (mol·L⁻¹)	有效期 / 月
各种酸溶液	各种浓度	3
氢氧化钠溶液	各种浓度	2
氢氧化钾 – 乙醇溶液	0.1；0.5	1
硫代硫酸钠溶液	0.05；0.1	2
高锰酸钾溶液	0.05；0.1	3
碘溶液	0.02；0.1	1
重铬酸钾溶液	0.1	3
溴酸钾 – 溴化钾溶液	0.1	3
氢氧化钾溶液	0.05	1

附录五　标准缓冲液在不同温度下的 pH

温度 /℃	0.05 mol/kg 邻苯二甲酸氢钾	0.025 mol/kg 中性磷酸盐	0.01 mol/kg 硼砂
5	4.00	6.95	9.39
10	4.00	6.92	9.33
15	4.00	6.90	9.27
20	4.00	6.88	9.22
25	4.00	6.86	9.18
30	4.01	6.85	9.14
35	4.02	6.84	9.10
40	4.03	6.84	9.07

续 表

温度 /℃	0.05 mol/kg 邻苯二甲酸氢钾	0.025 mol/kg 中性磷酸盐	0.01 mol/kg 硼砂
45	4.04	6.83	9.04
50	4.06	6.83	9.01

参考文献

[1] 唐三定. 农产品质量检测技术 [M]. 北京：中国农业大学出版社, 2010.

[2] 刘志宏, 蒋永衡. 农产品质量检测技术 [M]. 北京：中国农业大学出版社, 2012.

[3] 王炳强. 农产品分析检测技术 [M]. 北京：化学工业出版社, 2018.

[4] 付敏, 程宏夏. 现代仪器分析 [M]. 北京：化学工业出版社, 2018.

[5] 戚穗坚, 杨丽. 食品分析实验指导 [M]. 北京：中国轻工业出版社, 2018.

[6] 崔学桂, 张晓丽, 胡清萍. 基础化学实验 [M]. 北京：化学工业出版社, 2007.

[7] 国娜. 粮油质量检验 [M]. 北京：中国轻工业出版社, 2011.

[8] 赵国华. 食品化学实验 [M]. 北京：中国农业出版社, 2016.

[9] 吴均烈. 气相色谱检测方法 [M]. 北京：化学工业出版社, 2005.

[10] 戴军. 食品仪器分析技术 [M]. 北京：化学工业出版社, 2006.

[11] 熊开元, 贺红举. 仪器分析 [M]. 北京：化学工业出版社, 2006.

[12] 王立, 汪正范. 色谱分析样品处理 [M]. 北京：化学工业出版社, 2005

[13] 全国化学标准化技术委员会化学试剂分会. GB/T 6682—2008, 分析实验室用水规格和试验方法 [S]. 北京：中国标准出版社, 2008: 9.

[14] 全国统计方法应用标准化技术委员会. GB/T 8170—2008, 数值修约规则与极限数值的表示和判定 [S]. 北京：中国标准出版社, 2008: 11.

[15] 全国化学标准化技术委员会化学试剂分技术委员会. GB/T 601—2016, 化学试剂 标准滴定溶液的制备 [S]. 北京：中国标准出版社, 2016: 11.

[16] 全国果品标准化技术委员会. NY/T 2742—2015, 水果及制品可溶性糖的测定 3,5- 二硝基水杨酸比色法 [S]. 北京：中国农业出版社, 2015: 8.

[17] 中国标准化研究院. GB/T 23750—2009, 植物性产品中草甘膦残留量的测定 气相色谱 – 质谱法 [S]. 北京：中国标准出版社, 2009: 7.